全球治理的中国方案

全球气候治理的中国方案

张海滨 等◎著

五洲传播出版社

图书在版编目（CIP）数据

全球气候治理的中国方案 / 张海滨等著 . -- 北京 :
五洲传播出版社 , 2019.7
（“全球治理的中国方案”丛书）
ISBN 978-7-5085-4231-7
Ⅰ . ①全… Ⅱ . ①张… Ⅲ . ①气候变化 – 治理 – 研究
– 中国 Ⅳ . ① P467

中国版本图书馆 CIP 数据核字（2019）第 143361 号

“全球治理的中国方案”丛书

出 版 人：荆孝敏

全球气候治理的中国方案

著　　者：张海滨 等
责任编辑：苏　谦
装帧设计：澜天文化

出版发行：五洲传播出版社
地　　址：北京市海淀区北三环中路 31 号生产力大楼 B 座 7 层
邮　　编：100088
发行电话：010-82005927，82007837
网　　址：http://www.cicc.org.cn http://www.thatsbooks.com
承 印 者：中煤（北京）印务有限公司
版　　次：2021 年 3 月第 1 版第 1 次印刷
开　　本：787mm × 1092mm 1/16
印　　张：18
字　　数：200 千字
定　　价：68.00 元

目录

前言

1990 年 12 月，第 45 届联大通过 45/212 号决议，启动《联合国气候变化框架公约》的谈判进程。国际气候变化谈判和全球气候治理从此正式拉开帷幕，迄今已 30 年了。悠悠三十年，弹指一挥间。30 年来，国际气候变化谈判在曲折中前行，而全球温室气体排放持续上升，已增加 68%。① 气候变化的负面后果日益突显：冰川加速融化，海平面持续上升，极端气候和天气事件发生的频率和强度显著增加，给人类造成重大损失。气候变化已成为当今世界面临的最严峻的全球性挑战之一。2020 年突如其来的新冠肺炎疫情肆虐全球，加剧了全球的信任赤字，加重了世人对全球气候治理前景的担忧。联合国秘书长古特雷斯在 2020 年联大一般性辩论的开场致辞中，将气候危机排在当今世界面临的五大全球性挑战的第二位。2020 年 9 月 23 日他在与中国国家主席习近平的视频会见中表示，面对气候变化的挑战，世界更加需要多边主义，更加需要国际合作，更加需要强有力的联合国。②

30 年来，中国一贯重视并积极参加国际气候变化谈判。随着中国的人口、经济和国际影响力的不断增长，中国在国际气候变化谈判和全球气候治理中的重要性日益上升。国际社会对中国在全球气候治理中发挥更大作用的期待不断上升。2020 年 9 月 22 日，习近平主席在第 75 届联合国大会一般性辩论上郑重宣布，“中国将提高国家自主贡献力度，采取更

① WMO, United in Science 2020, https://public.wmo.int/en/resources/untied_in_science.

② 《习近平会见联合国秘书长古特雷斯》，新华网客户端 2020 年 9 月 23 日，https://baijiahao.baidu.com/s?id=1678635174134613588&wfr=spider&for=pc。

加有力的政策和措施，二氧化碳排放力争 2030 年前达到峰值，努力争取 2060 年前实现碳中和。”这一重要宣示为中国应对气候变化、绿色低碳发展提供了方向指引，彰显了中国积极应对气候变化、走绿色低碳发展道路的雄心和决心，为各国携手应对全球性挑战、共同保护好人类赖以生存的地球家园贡献了中国智慧和中国方案，受到国际社会广泛的认同和高度赞誉。

一个快速发展的中国对全球气候治理意味着什么？中国在全球气候治理中发挥着什么作用，有什么贡献？全球气候治理中的中国方案的具体内涵是什么？哪些因素在塑造着中国参与全球气候治理的立场和政策走向？站在国际气候变化谈判和全球气候治理启动 30 周年的重要历史节点上，认真思考并回答上述问题，系统梳理中国与全球气候治理的关系，对于全面准确理解全球气候治理的历史、现状和未来，以及中国与世界的关系这一宏大时代主题的内涵都不无裨益。

讲好应对气候变化的中国故事，与世界分享中国致力于绿色低碳发展、积极应对气候变化的所思所想所作所为，展现中国的负责任大国形象，维护全球气候和生态安全，是本书写作的主要目的。

一个不断发展、日益强大的中国对世界意味着什么，是祸还是福？中国是负责任的大国还是世界的威胁？这是中国在民族复兴道路上始终面临的一个重大国际课题。应该看到，一方面，中国走绿色低碳发展道路的政策和行动得到国际社会越来越多的了解、肯定和赞誉，例如，联合国秘书长古特雷斯 2017 年 1 月在日内瓦与习近平主席见面时就强调，长期以来，中国在应对气候变化、减贫、可持续发展、预防性外交、维和等领域发挥了积极领导作用；西方学术界对中国的肯定也越来越多。①

---

① Miranda Schreus, Multi-Level Clinmate Governance in China. Environmental Policy and Governance 27163-174 (2017).

另一方面，由于站位不同、西方媒体的某些偏见以及我们对外宣介的力度不够和对外传播的方式方法不够有效，特别是在当前地缘政治博弈形势紧张、中美大国竞争加剧、美国指责和攻击中国日趋频繁的背景下，[①]一些国家和人士对中国应对气候变化政策的不了解、误解和疑虑，甚至批评和攻击也不同程度地存在。[②]因此，向世界客观描述和分析中国在应对气候变化这一全球性挑战中所面对的困难、作出的努力和付出的代价及取得的成绩在当下显得格外重要。近年来，中国政府和媒体在宣传介绍中国应对气候变化的政策行动和成绩方面作了大量努力，成效显著。但我们仍不得不面对这样一个事实：无论在政府层面，还是在国际舆论界和学术界，西方国家依然掌握着全球气候治理的话语权，左右着关键概念的使用和核心角色的定位，中国的声音仍然不够响亮。这种局面不利于中国深度参与全球气候治理，不利于公正合作、互利共赢的全球气候治理体系的形成。而要改变这种局面，需要中国全社会的共同努力，其中中国学术界的作用不可或缺。本书就是中国学者围绕中国参与全球气候治理讲好中国故事、发出中国声音的一种努力和尝试。

自 1990 年国际气候变化谈判启动以来，中国一直参与其中，一直在思考全球气候治理应该如何推进，中国能为全球气候治理作出什么贡献，发挥什么作用。经过 30 年的不断实践和探索，全球气候治理的中国方案日趋成型和成熟。其主要内容包括：在全球气候治理的核心理念上，坚持可持续发展思想和共同但有区别的责任原则，积极倡导人类命运共同体理念和生态文明理念；在全球气候治理体系的建设上，主张必

① 2020 年 9 月 25 日美国国务院公布“中国破坏环境事实清单”，在气候变化和环境保护问题上对中国进行无理攻击。

② 请参见 Aimei Yang, Rong Wang, Jian Wang, Green public diplomacy and global governance: The evolution of the US-China climate collaborations networks, 2008-2014. Public Relations Review 43 (2017), pp.1048-1061.

须以公正合理、互利共赢为根本原则，并愿意在全球气候治理体系建设中发挥引领作用；在推进全球气候治理的具体路径上，强调三个“坚持”：坚持各尽所能，做好自己，率先示范；坚持做强南南合作，提高发展中国家的减缓和适应能力；坚持做大南北合作，发挥桥梁作用。需要特别说明的是，中国在提出全球气候治理的中国方案时，不是作为局外人和旁观者在指指点点，而是把自己摆进去，不断思考中国能为全球气候治理做什么，不断通过实际行动来诠释全球气候治理的中国方案。这是全球气候治理中国方案的突出特点。本书的写作和论述就是循此逻辑渐次展开，最后分析中国日益深入参与全球气候治理、积极贡献中国方案的原因，并对未来中国参与全球气候治理的前景作简要展望。

在写作过程中，本书写作团队对一批长期参加联合国气候变化谈判的中国和国际组织中高级官员进行了访谈，包括中国气候变化事务特使、联合国气候变化谈判中国代表团原团长解振华，联合国副秘书长、联合国气候变化谈判中国代表团原团长刘振民，国家发展改革委副秘书长、联合国气候变化谈判中国代表团原团长苏伟，外交部北极事务特别代表、《联合国气候变化框架公约》秘书处法律部原主任高风，生态环境部应对气候变化司司长李高和副司长陆新明、蒋兆理、孙桢等。在此对他们的大力支持深表谢意！

本书写作分工如下：

前　言 张海滨

第一章 陈婧嫣　张海滨

第二章 胡王云

第三章 张海滨　陈婧嫣　黄晓璞

第四章 胡王云　王文涛

第五章 王彬彬

第六章 王瑜贺　张海滨

第七章 张海滨

前景展望 张海滨

第一章
全球气候治理：缘起、演进及面临的挑战

所谓全球气候治理，是指包括国家与非国家行为体在内的国际社会各种行为体通过协调与合作的方式，从次国家层面到全球层面多层次共同应对气候变化，最终将大气中温室气体的浓度稳定在防止气候系统受到危险的人为干扰的水平上的过程，其核心是通过全球范围内多元、多层的合作及共同治理，减缓和消除气候变化对人类的威胁。一般认为，1972 年联合国人类环境会议的举行标志着全球环境治理的开端；1990 年联合国启动国际气候变化谈判进程，则标志着全球气候治理正式拉开帷幕。30 年来，全球气候治理不断发展演进，取得许多积极的进展，今天已经成为人类发展的重要议题和凝聚国际合作的关键领域，被誉为“全球治理的一面镜子”①；但与此同时，全球气候治理也面临无数严峻的挑战，其使命远未完成。要充分理解中国在全球气候治理中的

---

① 《习近平在气候变化巴黎大会开幕式上的讲话》，新华网 2015 年 12 月 1 日，http://www.xinhuanet.com//world/2015-12/01/c_1117309642.htm。

作用，就必须将其置于全球气候治理的历史进程之中加以考察。因此，本章拟回答的问题是：全球气候治理的历史进程是如何演进的？当前全球气候治理面临哪些挑战？需要说明的是，联合国气候变化谈判进程是全球气候治理的核心，但不完全等同于全球气候治理。本书在讨论全球气候治理时主要围绕联合国气候变化谈判进程展开。

第一节 全球气候治理的缘起

自人类文明诞生以来，人类活动便成为改变地球环境的一个日益重要的因素。工业革命开始以后，大机器工业的迅猛发展带来生产力的高速增长，以及人类对自然界的无节制索取，使人类活动对自然环境的破坏不但在强度上，而且在广度上都有了质的变化。其显著后果之一便是以二氧化碳等温室气体排放为代表的对气候施加的增温效应正随着时间的演进而加剧。[①] 但国际社会对人类活动与气候变化之间关系的认知是在第二次世界大战之后逐步深化的。20 世纪 60 年代后，随着卫星和计算机的开发与应用，世界气象组织（WMO）和有关科研机构加强了对全球大气和气候环境的观测和研究，逐步发现全球气候正经历以变暖为主要特征的变化。这可能引发冰川融化、海平面上升、极端气候事件频发、生态系统受损和粮食减产等负面影响，需要国际社会合作应对。

1972 年 6 月，联合国人类环境会议（United Nations Conference on

① 《气候变化国家评估报告》编写委员会:《气候变化国家评估报告》, 北京: 科学出版社, 2007 年, 第 8 页。

the Human Environment）在瑞典首都斯德哥尔摩召开，环境问题从此进入全球政治议程，现代全球环境保护运动正式拉开帷幕。不过，当时气候变化问题尚未成为国际社会的重大关切。作为会议成果文件之一的《人类环境行动计划》仅在第 70 条建议中提出“建议各国政府注意那些具有气候风险的活动”，此外再无有关气候变化的表述。

1979 年 2 月，第一次世界气候大会在瑞士日内瓦召开。会议指出，如果大气中二氧化碳含量保持当时的增长速度，那么气温的上升到 20 世纪末将达到“可测量”的程度，到 21 世纪中叶将出现显著的增温现象。这是人类历史上第一次就温室效应带来的全球升温作出判断。[①] 进入 20 世纪 80 年代下半期，欧美发达国家出于对全球气候变暖不利影响的关切和对发展中国家未来温室气体排放快速增加的担忧，纷纷主张将气候变化问题纳入全球议程。[②] 与环境有关的国际组织更是纷纷举行国际会议，表达对全球气候变化问题的关注。1985 年 10 月，世界气象组织和联合国环境规划署（UNEP）在奥地利菲拉赫联合召开气候专家会议。会议指出，温室气体的累积极有可能导致显著的气候变化，建议世界气象组织和联合国环境规划署考虑推动就气候变化问题制定一项新的全球环境公约。1987 年，世界环境与发展委员会发布了著名的报告《我们共同的未来》。该报告明确提出气候变化是国际社会面临的重大挑战，呼吁国际社会采取共同的应对行动。1988 年 11 月，WMO 和 UNEP 联合成立政府间气候变化专门委员会（IPCC），开展对气候变化的科学评估活动。IPCC 从此成为气候变化科学领域最权威的政府间机构。1988 年 12 月 6 日，第 43 届联大根据马耳他的建议通过“关于为人类当代和

① John W. Zillman, “A History of Climate Activities”, WMO Bulletin 58 (3), July 2009, p145.

② 骆继宾：《关于全球气候变暖问题的汇报》，国务院环境保护委员会秘书处编：《国务院环境保护委员会文件汇编（二）》，北京：中国环境科学出版社，1995 年，第 62 页。

后代保护全球气候”的43/53号决议，决定在全球范围内对气候变化问题采取必要和及时的行动。1989年5月25日，UNEP理事会通过决议，要求UNEP执行主任和WMO总干事为国际气候公约谈判作准备，并尽快启动相关谈判。1989年12月，第44届联大通过44/228号决议，决定于1992年6月举行联合国环境与发展大会。1990年8月，IPCC发布了第一次评估报告。报告得出两个主要结论：第一，人类活动导致的温室气体排放正在使大气中温室气体浓度显著地增加，从而增强了地球温室效应；第二，发达国家在近200年工业化进程中大量消耗化石能源是导致温室气体排放增加的主要原因。1990年10月29日至11月7日，第二次世界气候大会在瑞士日内瓦举行。会议呼吁各国为制定国际气候变化公约展开谈判。

联合国环境与发展大会的筹备工作和IPCC第一次评估报告的结论推动了联合国气候变化谈判进程。1990年12月21日，第45届联大通过题为“为今世后代保护全球气候”的45/212号决议，决定设立一个单一的政府间谈判委员会，制定一项有效的气候变化框架公约。谈判从1991年2月启动。1992年5月9日，政府间谈判委员会经过5次谈判会议，历时1年零3个月，终于完成了谈判并通过了《联合国气候变化框架公约》（以下简称“《公约》”）。《公约》的文本框架与合作模式主要借鉴了1985年《保护臭氧层维也纳公约》。1992年6月11日，联合国里约热内卢环境与发展大会开幕，《公约》供开放签署。时任中国总理李鹏代表中国签署了《公约》。1994年3月，《公约》生效。《公约》的主要内容包括：（1）确立应对气候变化的最终目标。《公约》第二条规定：“本公约以及缔约方会议可能通过的任何法律文书的最终目标是：将大气温室气体的浓度稳定在防止气候系统受到危险的人为干扰的水平上。这一水平应当在足以使生态系统能够自然地适应气候变化、确保粮食生产免受威胁并使经济发展能够可持续地进行的时间范围内实行。”（2）确立国际合作应对气候变化的基本原则，主要包括共同但有区别的责任原则（以下简称“共区原则”）、预防原则、公平原则、各自能力原则和可持续发展原则等。（3）明确发达国家应承担率先减排和向发展中国家提供资金技术支持的义务。（4）承认发展中国家有消除贫困、发展经济的优先需要。

与此同时，《公约》开始将全球多元多层气候治理的理念纳入其中。《公约》第六条规定：在履行第四条第一款(i)项下的承诺时，各缔约方应：在国家一级并酌情在次区域和区域一级，根据国家法律和规定，并在各自的能力范围内，促进和便利：（1）拟订和实施有关气候变化及其影响的教育及提高公众意识的计划；（2）公众获取有关气候变化及其影响的信息；（3）公众参与应对气候变化及其影响和拟订适当的对策。

《公约》为国际合作应对气候变化奠定了坚实的法律基础，是全球气候治理的基石，标志着全球气候治理时代的正式到来。

通过对这一段历史的回顾，不难发现，全球气候治理的缘起并非偶然，而是与国际气候变化科学研究的进展所引发的国际社会对气候风险的关注和全球环境治理在冷战后的不断发展及其重要性日益上升密切相关，当然也与欧美国家和联合国的推动分不开。

第二节
全球气候治理的演进

从 20 世纪 90 年代到今天，以联合国气候变化谈判为核心的全球气候治理经历 30 年的曲折发展，形成了包括《公约》《京都议定书》《巴黎协定》等在内的多项重要阶段性成果。其中，《公约》奠定了全球气候治理体系的基本框架，《京都议定书》和《巴黎协定》则是全球气候治理的两座里程碑。全球气候治理的演进过程是由最初的以国家行为体为主导的气候外交，向同时包含国家行为体和非国家行为体等多元主体，同时涉及次国家、国家、区域及全球等不同层面的多元多层治理转变的过程。在此过程中，全球气候治理历经了如下一些关键的时间节点和重大事件（见表 1）。

表 1 全球气候治理关键时间节点及重大事件

年　份	事　件
1988	政府间气候变化专门委员会（IPCC）成立，负责开展对气候变化的科学评估。
1990	IPCC 第一次评估报告发布，气候变化问题引发广泛关注。 第 45 届联大决定设立政府间谈判委员会，启动国际气候变化谈判。

1992	154个国家在联合国里约热内卢环境与发展大会上签署《联合国气候变化框架公约》。
1994	《联合国气候变化框架公约》正式生效。
1995	IPCC第二次评估报告指出人类行为是造成温室效应及气候变暖的原因，预测未来一个世纪可能会出现严重的变暖趋势。
1997	《京都议定书》签署，要求在2008年至2012年期间，将38个工业化国家的温室气体排放量较1990年水平平均减少5.2%。
2001	美国宣布退出《京都议定书》。
2002	中国与欧盟批准《京都议定书》。
2005	《京都议定书》生效。C40城市联盟成立，标志着各国城市开始合作应对气候变化。
2007	联合国巴厘岛气候大会通过巴厘岛路线图，计划于2009年完成2012后国际气候体制的谈判。
2009	哥本哈根气候大会通过不具法律约束力的《哥本哈根协议》，没有完成巴厘岛路线图的授权。
2011	联合国南非德班气候大会通过德班增强行动平台，启动关于协定谈判的新进程，要求于2015年在《联合国气候变化框架公约》下达成一项适用于所有缔约方并具有法律约束力的国际协议。
2012	《京都议定书》第一承诺期到期，不再具有法律约束力。
2015	《巴黎协定》达成，确立了以国家自主贡献为核心的“自下而上”相对宽松灵活减排模式。从此，谈判重点从建章立制转向履约。
2016	《巴黎协定》生效。
2017	美国总统特朗普宣布退出《巴黎协定》，全球气候治理在艰难中前行。
2018	联合国卡托维兹气候大会通过《巴黎协定》实施细则。
2020	《联合国气候变化框架公约》第二十六次缔约方大会原定于2020年在英国格拉斯哥举行，后因新冠肺炎疫情推迟到2021年。

资料来源：作者自制。

30年的全球气候治理演进历史集中表现为全球气候治理制度的演进

和变迁史。以下从全球气候治理的目标、原则、减排模式、国际气候变化谈判格局和基本结构五方面作简要分析。

一、全球气候治理目标的演进

随着全球气候治理进程的推进，国际社会对全球气候治理的目标设定越来越明确，越来越具体。《公约》是全球气候治理进程中奠基性的国际公约。《公约》的第二条明确提出了全球气候治理的最终目标：将大气中温室气体的浓度稳定在防止气候系统受到危险的人为干扰的水平上。这一水平应当在足以使生态系统能够自然地适应气候变化、确保粮食生产免受威胁并使经济发展能够可持续地进行的时间范围内实现。《公约》第二条所提出的最终目标，亦即全球气候治理的“总体目标”，包含治理对象、预期效果和实现期限三个方面。首先，它明确了气候治理的主要对象，即“温室气体”；其次，它提出了治理所应达到的效果，即“将温室气体的浓度稳定在防止气候系统受到危险的人为干扰的水平上”；最后，它限定了目标实现的时间范围，即“在足以使生态系统能够自然地适应气候变化、确保粮食生产免受威胁并使经济发展能够可持续地进行的时间范围内实现”。《公约》的法律约束力决定了这一“总体目标”不仅是各方在气候议题上达成的共识，更要求缔约方为其实现采取相应的实际行动。

《巴黎协定》是继《京都议定书》后第二份具有法律约束力的气候协议，其内容涉及2020年以后全球应对气候变化的行动安排。相较于《公约》，《巴黎协定》中全球气候治理的目标进一步具体化和数量化。我们将《巴黎协定》提出的目标视为“具体目标”，包括温度升幅限制、适应能力以及资金机制三个方面。其中，最值得关注的是温度升幅限制的边界确定。《巴黎协定》第二条明确提出："把全球平均气温升幅控制在工业化前水平以上低于2℃之内，并努力将气温升幅限制在工业化前水平以上1.5℃之内，同时认识到这将大大减少气候变化的风险和影响。"《巴黎协定》中的"具体目标"是在《公约》中的"总体目标"基础上发展而来的，其进步之处有二：其一，直接用气温升幅取代大气中的温室气体浓度以衡量应对气候变化所取得的效果，目标更加清晰、直接且便于测量；其二，对气温升幅提出了"保2℃争1.5℃"的具体量化目标，使之更加明确也更具有紧迫性，有利于敦促缔约方依其承诺履约。

二、全球气候治理原则的演进

与全球气候治理的目标同样值得关注的是全球气候治理的原则和规则。斯蒂芬·克拉斯纳（Stephen D. Krasner）曾提出构成国际机制的四种基本要素，包括隐含或者明示的原则、规范、规则和决策程序，[①]其中原则以及从原则衍生出的规则尤为重要。原则是在价值维度上具有一定稳定性和方向性的原理和准则，是各方合作的前提和基础。规则是具体规定国家权利和义务以及某种行为的具体法律后果的指示和律令，在遵循原则的条件下用以界定具体问题的性质和解决方法。

《公约》规定了风险预防原则、共区原则、可持续发展原则等作为国际气候合作的基本原则。其中共区原则是全球气候治理的核心原则，是各方在气候领域进行合作的前提和基础。《公约》第三条明确规定："各缔约方应当在公平的基础上，并根据它们共同但有区别的责任和各自的

① Stephen D. Krasner (ed.), International Regimes, Ithaca: Cornell University Press, 1983, pp.2-5.

能力，为人类当代和后代的利益保护气候系统。”《公约》进而规定：“发达国家缔约方应当率先对付气候变化及其不利影响。应当充分考虑到发展中国家缔约方尤其是特别易受气候变化不利影响的那些发展中国家缔约方的具体需要和特殊情况。”《公约》如此集中规定发达国家的单方面义务、较为充分体现发展中国家利益的情形，在国际法发展史上是较为罕见的。[①]《京都议定书》通过为议定书附件一缔约方（发达国家和经济转轨国家）设定温室气体强制减排目标等具体法律措施和手段，将《公约》共区原则进一步推进到具体落实层面，是对该原则的重要发展和贡献。在30年的气候变化谈判中，共区原则总体上得到了较好的坚持，但是随着各方博弈的深化，共区原则的内涵也发生了一定的变迁和调整。《京都议定书》生效后，发达国家对仅为发达国家规定强制量化减排义务的模式不断提出质疑和挑战，发展中国家内部在此问题上的立场也日趋分化。在这样的大背景下，共区原则中的共同因素日益强化，而区别的内涵逐步从绝对的发达国家和发展中国家“两分法”向根据各自国家能力的“具体区分”转变，应对气候变化的责任主体逐步扩大。“巴厘行动计划”要求发展中国家在得到“三可”（可测量、可报告、可核查）支持的基础上开展国家自主减排行动。发展中国家从原先不承担量化减排责任转向承担一定的责任。《巴黎协定》则要求所有缔约方在公平、共同但有区别的责任和各自能力原则指引下，提交应对气候变化的国家自主贡献。

共区原则本质上是发达国家和发展中国家在全球气候治理进程中的权责划分，虽然这一原则的确立被认为是发达国家和发展中国家在气候

---

① 杨兴：《〈气候变化框架公约〉与国际法的发展：历史回顾、重新审视与评述》，载于吕忠梅等主编：《环境资源法论丛》（第5卷），北京：法律出版社，2005年。

变化谈判中达成妥协的体现，但同时也蕴含着发达国家和发展中国家长久以来最重大的分歧。为了达成更为广泛且有效的合作，《巴黎协定》中对共区原则进行了补充，在明确表示必须遵循《公约》所确立的“包括以公平为基础并体现共同但有区别的责任和各自能力的原则”的基础上，增加了“同时要根据不同的国情”的表述。这实际上是以尊重发达国家群组和发展中国家群组内部的差异性取代《公约》中过于简化的二元划分。此外，《巴黎协定》以动态的排放水平取代了相对静态的发展程度作为划分标准，淡化了发达国家的历史责任，强调了发展中国家未来的责任，体现了中国等新兴经济体对于发达国家指责的回应和对减排责任的承担。

从《公约》到《巴黎协定》，全球气候治理中最重要的共区原则虽然在整体上得到了一以贯之的坚持，但是各方对于这一原则仍存在不同的理解。理解共区原则的关键在于“区别”而非“共同”，在这一问题上发达国家与发展中国家之间、发展中国家内部的分歧均日益明显。美国退出《巴黎协定》更是加剧了共区原则的弱化态势，使“区别”变得更加模糊。

首先，发达国家与发展中国家在谈判的过程中存在明显的争议。发达国家更注重减排力度和透明度问题，回避适应、资金及技术转让问题；发展中国家则更强调发达国家在资金及技术转让上的责任和义务——这一矛盾在 2017 年《公约》第二十三次缔约方大会及其后续的气候变化谈判中表现得更加尖锐。其次，发展中国家阵营内部也发生了进一步的分化，分化的原因在于美国退出《巴黎协定》使得小岛屿国家应对气候变化的意愿更加迫切。在全球气候治理的目标上，小岛国坚决主张 1.5℃的温控目标，而其余发展中国家并未表现出如此迫切的意愿。第三，在透明度问题上，发达国家对以“基础四国”（中国、印度、巴西、南非）

2016 年 4 月 22 日，《巴黎协定》高级别签署仪式在纽约联合国总部举行，当天有 175 个国家的代表签署协定，标志着各国在共同应对气候变化挑战方面迈出全新一步。

为代表的新兴大国提出了更高要求，施加了更大压力。第四，在谈判中，一些发达国家对中国的期待和压力加大，要求中国提高减排力度，提高透明度，提供更多的资金援助，甚至质疑中国的发展中国家地位。

除了共区原则，另一个值得关注的变化是，可持续发展原则在全球气候治理的进程中不断得到强化。应对气候变化与可持续发展原则之间的关联性日益紧密，应对气候变化是可持续发展的内在组成部分。这一理念日益深入人心，《2030 年可持续发展议程》将应对气候变化列为第 13 个目标就是强有力的证据。

三、全球气候治理规则——减排模式的演进

全球气候治理的规则是与原则协调一致的，规则往往是原则的落实和体现。《公约》所确立的共区原则强调的是发达国家在气候变化领域

的历史责任以及发展中国家受发展阶段所限可以量力而行，与此原则相适应的规则便是于 1997 年达成并于 2005 年生效的《京都议定书》。这种规则被总结为以发达国家和发展中国家为区分的“自上而下”的减排模式，具体表现为：首先，《京都议定书》将缔约方划分为附件一缔约方（主要为发达国家）及非附件一缔约方（主要为发展中国家）；其次，《京都议定书》为附件一缔约方规定了整体的、具有约束力的减排目标和时间表，而非附件一缔约方是否作出承诺则不做硬性要求。然而，自 2008 年全球经济危机爆发以来，各方对共区原则的理解开始发生改变。发达国家在气候变化谈判中开始试图淡化历史排放责任，转而强调发展中大国的现实和未来责任。因此，《京都议定书》中对于附件一缔约方和非附件一缔约方的划分以及“自上而下”的减排模式开始受到挑战，《京都议定书》的效力有所减弱。随着各方对共区原则理解的变迁，全球气候治理的规则从“自上而下”的减排目标分摊模式转变为“自下而上”为主的国家自主贡献模式。

虽然 2017 年美国宣布退出《巴黎协定》为共区原则带来了一定的冲击，但是《巴黎协定》确定的“自下而上”的减排模式并未被动摇。在“自下而上”的国家自主贡献减排模式下，全球气候治理的成效开始依赖于各方依照自身能力作出并达成的承诺，而非整体目标的分解和减排量的分配。在这种规则下，全球气候治理的效果由各方（主要是国家行为体）的“意愿”和“能力”共同决定。“意愿”是由一国在议题上的“迫切性”决定的，“能力”是由一国对内的资源获取能力和对外的议程设置能力决定的。虽然各国都受到气候变化的普遍威胁，但是对不同的国家而言，气候变化问题的严重性并不相同。美国退出《巴黎协定》表明美国在应对气候变化问题上意愿的减弱，但这并不意味着其他国家的意愿和能力也随之减弱。事实上，“自下而上”的减排模式和相应的全球气候治理规则是对此前《京都议定书》“自上而下”减排模式的修正和创新，历经《巴黎协定》谈判进程后，当前在全球范围内被广泛接受、备受期待。因此，在没有更好的替代规则的情况下，美国退出《巴黎协定》的单边行为并不能轻易动摇各方在规则层面对于“自下而上”这一创新的共识。

四、国际气候变化谈判格局的演进

30 年来，国际气候变化谈判格局经历了明显的变化，从初期相对简单的发达国家与发展中国家两大谈判阵营，演变到今天的非常复杂的南北阵营与基于不同利益成立的各种谈判集团并存的谈判格局。在《公约》的谈判期间，发达国家与发展中国家两大集团之间的竞争与合作成为国际气候变化谈判格局的基本特征，二者的关系决定国际气候变化谈判的走向。但从《京都议定书》的谈判起，国家利益的多样化导致南北对峙的格局逐渐空心化，发达国家内部和发展中国家内部不断分化组合，形成了形形色色、大大小小的各种谈判集团。例如，在发达国家内部，有美国牵头的伞形集团和欧盟之分，在发展中国家阵营有“基础四国”、小岛国与最不发达国家集团、立场相近发展中国家集团、非洲国家集团、石油输出国国家集团等，还有跨南北的环境完整性集团等。在巴黎气候大会上，还出现了包含发达国家和发展中国家的雄心壮志联盟。从国际气候变化谈判的领导者角度看，欧美在国际气候变化谈判的初期扮演了领导者的角色，此后美国的角色则随着共和党和民主党的交替执政而发生变化。民主党执政期间，美国在国际气候变化谈判中的作用比较积极。在《京都议定书》的谈判过程中，欧盟的领导作用最突出。在《巴黎协定》的谈判过程中，中美两国发挥了主要的领导作用，形成了事实上的“G2”。

2017 年美国宣布退出《巴黎协定》后，美国的政治意愿大幅下降，欧盟的领导力因内部危机重重也遭明显削弱，国际气候变化谈判出现了领导力赤字。当前，随着美国拜登政府重返《巴黎协定》，中国与欧盟、美国等正在努力构建新的集体领导机制。

五、全球气候治理结构的演进

自联合国气候变化谈判启动以来，全球气候治理的基本结构经过不断演进，逐渐形成了以《公约》为核心的多元多层治理结构。美国宣布退约后，以《公约》为核心的多元多层全球气候治理基本结构没

图 1 以《联合国气候变化框架公约》为核心的全球气候治理结构演变示意图

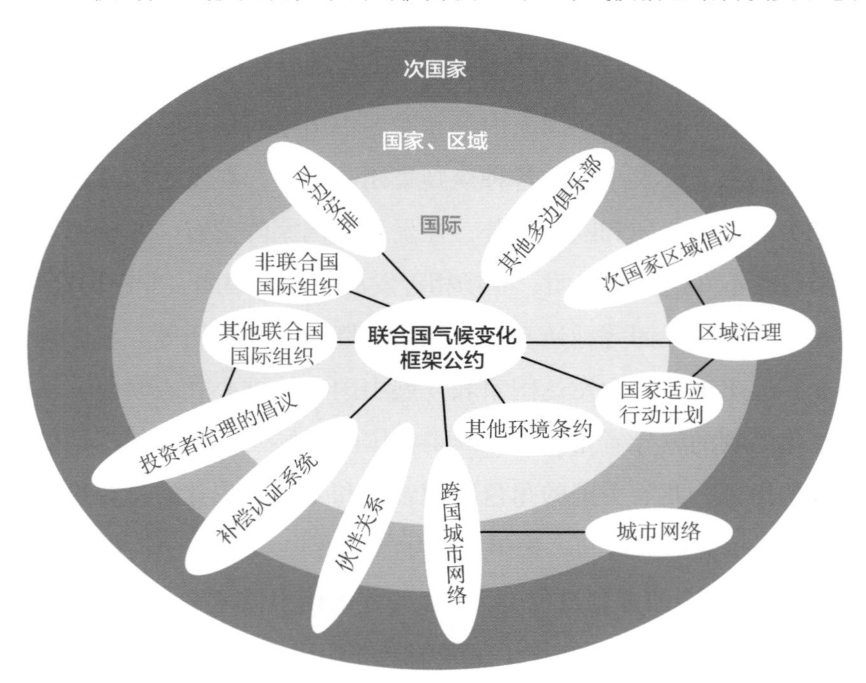

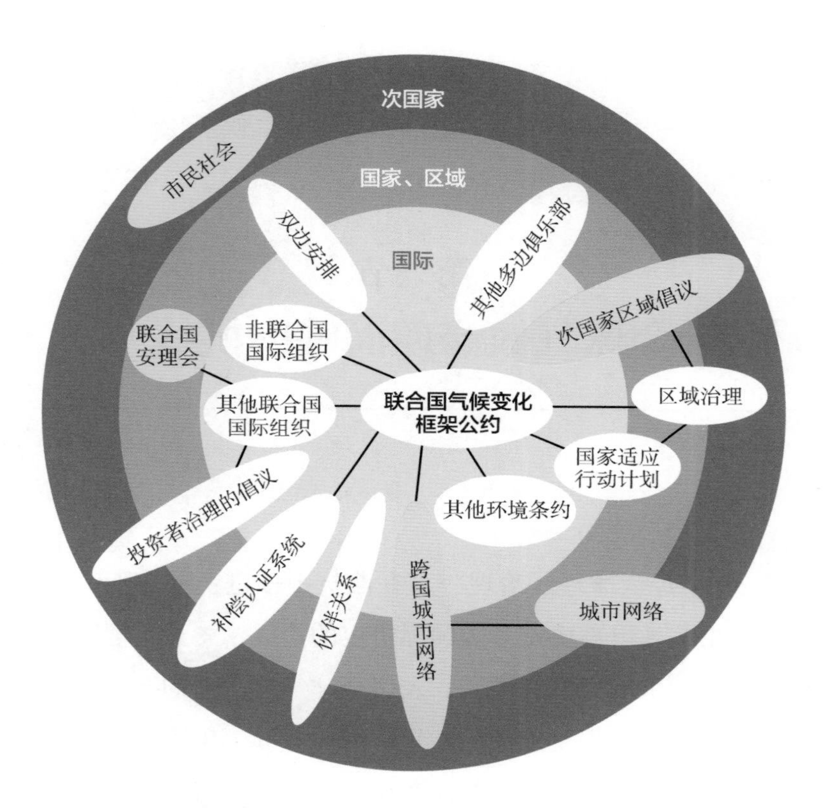

注：上页图为美国退约前的全球气候治理结构（来源于 IPCC 第五次报告），本页图为美国退约后的全球气候治理结构（作者自制，标黄处为美国退约后日渐活跃的行为体）。

有发生变化，但联合国气候变化谈判进程可能延缓，“自下而上”的减排机制运行面临更多不确定性；《公约》外机制的作用明显上升，国际非政府组织、跨国城市联盟以及联合国安理会的影响日益上升，值得高度关注。

第三节
全球气候治理面临的挑战

过去30年，全球气候治理一直在曲折中前进：一方面，《公约》《京都议定书》《巴黎协定》等国际协定的达成，彰显了国际社会在应对气候变化问题上的意愿和决心，表明全球气候治理的必要性和紧迫性已经在全球范围内凝聚了广泛的共识。另一方面，美国布什总统曾经在2001年宣布退出《京都议定书》的签署，拖延了《京都议定书》的生效；2009年的哥本哈根气候大会遭遇挫折；2017年1月就职的美国总统特朗普又在2017年6月宣布美国退出《巴黎协定》，对各国参与全球气候治理的积极性产生了重大的消极影响，给全球气候治理带来很大的不确定性；2021年1月，美国民主党人拜登就任美国总统，誓言要重新领导全球气候治理。回首全球气候治理的过去，道路并不平坦；展望全球气候治理的未来，前途充满挑战。因此，分析当前全球气候治理面临的挑战，对于中国准确定位自身应该扮演的角色和发挥的作用具有重要意义。总体而言，未来全球气候治理面临五大挑战。

一、全球气候治理力度不够

展望未来，全球气候治理面临的最大挑战是，与全球气候治理要达到的目标相比，迄今全球气候治理的力度远远不够。这集中体现在全球温室气体浓度和全球温室气体排放仍在增加，而且这两种趋势近期没有逆转的迹象。

2021 年世界气象组织发布的全球气候状况报告指出，尽管出现了具有降温作用的拉尼娜事件，2020 年仍是有记录以来三个最暖的年份之一。全球平均温度比工业化前（1850—1900 年）水平约高 1.2℃。2015—2020 年是有记录以来最暖的六年，2011—2020 年是有记录以来最暖的十年。2020 年大气中二氧化碳浓度已超过 410ppm，2021 年可能超过 414ppm。[①] 根据联合国环境规划署发布的《2018 排放差距报告》，2017 年全球温室气体排放总量为 535 亿吨，为历史最高值，比 2016 年增长 1.3%。[②] 目前，温室气体排放量还没有达峰迹象。而如果国际社会不进一步采取措施，2030 年温室气体排放总量将增长至 590 亿吨。即使各国履行了《巴黎协定》下所有“无条件”的气候承诺，到本世纪末，地球的平均气温仍可能上升约 3.2℃，远远超出《巴黎协定》的目标。报告提出警告：目前为止，全球作出的气候承诺还不足以确保我们的地球安然无恙。在防止气候问题加剧到危险的临界点的过程中，我们在需要做什么和实际做什么之间存在巨大差距。这一差距正逐步扩大，我们没有时间可以浪费。[③] 根据《2019 排放差距报告》，从 2020 年到 2030

---

① WMO, State of the Global Climate 2020, https://library.wmo.int/doc_num.php?explnum_id=10618.

② 作者注：2007 年和 2015 年全球温室气体排放量曾出现过下降。

③ UNEP, Emissions Gap Report 2018, http://wedocs.unep.org/bitstream/handle/20.500.11822/26895/EGR2018_FullReport_EN.pdf?sequence=1&isAllowed=y.

气候变化正在对格陵兰岛产生深远的影响。图为 2019 年 7 月，当地天气异常温暖，不少冰川都在融化。

年，为实现《巴黎协定》的 2℃目标，需要每年削减近 3% 的全球排放量；为实现 1.5℃目标，需要每年平均削减 7% 以上。2030 年的“排放差距”估计为 120 亿—150 亿吨二氧化碳当量，只有消除这个差距，才能将全球升温控制在 2℃以下。对于 1.5℃的目标，该差距估计为 290 亿—320 亿吨二氧化碳当量，大致相当于 6 个最大排放体的总排放量。《2020 排放差距报告》指出，2019 年温室气体排放总量（包括土地利用变化在内）达到了 591 亿吨二氧化碳当量的历史新高；预计 2020 年二氧化碳排放量将下降 7%，但从长期来看，这一下降仅意味着到 2050 年全球变暖减少 0.01℃；各国根据《巴黎协定》承诺的国家自主贡献仍然严重不足，即使所有无条件的国家自主贡献都得到充分实施，依照 2030 年的预测排放量，世界仍然朝着在本世纪末升温 3.2℃的趋势发展；要想实现 2℃温控目标，各国的整体减排力度须在现有的《巴黎协定》承诺基础上提升大约3倍，而要遵循1.5℃减排途径，则须将现有努力提升至少5倍。[①]

二、全球气候治理存在领导力赤字

气候变化是典型的全球性问题，全球性问题的解决需要国际合作，有效的国际合作需要强有力的领导。这是一个浅显的道理。国际气候变化谈判的历史表明，什么时候有领导，什么时候谈判就比较顺利；什么时候缺乏领导，什么时候谈判就难以取得进展。缺乏长期稳定的领导力是全球气候治理进展有限的关键因素之一。《巴黎协定》达成之后，由于美国退出全球气候治理的领导者角色，中美合作形成的“G2”模式瓦解，全球气候治理领导力赤字严重。中国作为发展中大国，独木难支，各方面的能力难以独立领导全球气候治理，需要与欧盟等其他关键谈判方合作，共建新的集体领导机制。2021年美国拜登政府宣布重返全球气候治理舞台，受到普遍欢迎。但在大国竞争加剧、地缘政治形势紧张的背景下，中美欧能否在全球气候治理中有效合作，仍须观察。缺乏强有力的领导力是当前和未来全球气候治理面临的重大挑战之一。

三、全球气候治理的不确定性上升

不确定性无处不在，但在环境与气候变化领域，不确定性问题尤其突出。一般而言，不确定性会影响国际气候合作的政治意愿和行动力度。当前，全球气候治理主要面临两类不确定性的挑战。一类是科学上的不确定性。在经过IPCC五次评估报告之后，关于气候变暖的科学观测和

① UNEP, Emissions Gap Report 2020, https://www.unep.org/zh-hans/emissions-gap-report-2020.

2021 年 1 月 20 日，美国总统拜登在就职当天签署行政令，宣布美国将重新加入《巴黎协定》。

归因方面的争论越来越小，当前气候变化科学领域的最大不确定性集中在未来预估方面，包括对未来气候变化的趋势和影响的预估等。另一类是政策方面的不确定性。这方面最大的不确定性来源于美国政府在应对气候变化问题上在单边主义和多边主义之间摇摆不定。2017 年 6 月，美国总统特朗普宣布退出《巴黎协定》。由于美国是世界上最大的发达国家，在国际气候变化谈判和全球气候治理中具有重大影响力，美国的退出一方面对全球其他行为体应对气候变化的信念产生冲击，另一方面，为全球气候治理留下很大的资金及领导力缺口。美国宣布退出《巴黎协定》可能造成各种长期影响，包括对《巴黎协定》的后续谈判、各国宏观经济与产业规模和国内气候政治的影响，进而影响世界各国气候治理和全球气候治理的进程。此外，从更深层次和更广泛的视角看，当前全球气候治理实质上是一个重大的全球地缘政治经济问题，是道德高地和软实力之争，是经济竞争力之争，是国家影响力和话语权之争。[①] 因此，美国在应对气候变化问题上的不负责任的行为，从根本上来讲就是以侵占其他国家的发展机会和发展权利为代价，实现其自身对于经济增长和全球领先的优势地位的追求。这种行为是对长久以来形成的以共识与合作为基调的全球治理制度的破坏，同时也为遵守和履行国际协定作出了不良示范，严重影响了国际协定的约束力，为未来国际协定的达成和履约前景增加了不确定性。2021 年 1 月 20 日，美国新当选总统拜登明确了气候变化问题的定位，宣布美国重返《巴黎协定》，高调宣示将把应对气候危机置于美国外交政策和国家安全战略的中心位置，强调美国将展现全球领导力。这对全球气候治理来说是利好消息，将减少全球气候治理的不确定性。但从历史上看，美国气候政策的不断摇摆始终是全球气候治理进程中的一道阴影。

四、全球气候治理的体制机制和法律框架不完善

国际气候变化谈判的根本任务是建立和运行一个公平合理、合作共赢的全球气候治理制度，推动各方携手应对气候变化这一全球性的挑战。30 年来，国际社会先后制定了《公约》《京都议定书》《巴黎协定》等重要机制，为全球合作应对气候变化提供了基本的政治框架和法律制度。除联合国主导的公约机制外，越来越多的其他国际组织和非政府组织、城市和企业也积极参与全球气候治理，形成了公约内外联动的机制。但总体而言，当前全球气候治理体制机制和法律框架还存在许多不足，主要表现在：第一，全球气候治理体系的公平性不足。一个基本的事实是，

① 张海滨、戴瀚程、赖华夏、王文涛：《美国退出〈巴黎协定〉的原因、影响及中国的对策》，《气候变化研究进展》，2017 年第 5 期，第 439—447 页。

发达国家仍然掌握着全球气候治理体系中的议程设置权和关键决策权及话语权。在最能体现公平性的共区原则的践行上，发达国家未能在资金和技术转让问题上兑现其对发展中国家的承诺，导致许多发展中国家在减排和适应两方面都缺乏足够的能力。第二，全球气候治理体系的激励机制和约束机制薄弱。目前的国际气候公约重点聚焦在减排责任的分担，对通过市场手段降低减排成本和将分担减排成本转化为分享低碳发展的机会方面重视不够，导致许多国家看不到减排的收益，缺乏减排动力。从全球气候治理的体制机制和法律框架角度来看，当前《巴黎协定》与《京都议定书》的区别主要是在约束机制方面。《巴黎协定》强调“道德约束”而非“法律约束”，各国通过提交国家自主贡献所确定的减排目标的实现和承担的减排任务的达成，主要有赖于国际监督和评估机构的评价。换言之，《巴黎协定》所确定的这种约束机制属于内部约束，治理主体的行为多是主动的、自觉的、自愿的，并不要求各国对各自的自主目标制定对应的国内立法以保证目标实现，从而没有保证自主贡献目标实现的国内法依据。对于国家自主贡献目标如何衡量、监督和落实，各方此前都没有相关经验，要一起摸着石头过河。[①] 第三，全球气候治理体系的协调性不高。目前全球气候治理体系已形成多层多元的治理架构，但不同层次之间、不同利益相关方之间的联系与合作比较有限，相互之间关系的定位比较模糊，呈现碎片化现象，同时也存在职能重叠、争夺资源导致效率低下的情况。另外，目前的国际气候公约重点集中在二氧化碳的减排上，对全球温室效应贡献率超过 20% 的非二氧化碳的温室气体，如甲烷、氧化亚氮和 CFC-11 的减排关注不够。第四，全球气候治理体系的系统性不够。目前全球气候治理体系还缺乏许多关键领域的国际制

① 王彬彬、张海滨：《全球气候治理“双过渡”新阶段及中国的战略选择》，《中国地质大学学报（社会科学版）》2017 年第 3 期，第 1—11 页。

度安排，比如，国家碳市场的建立与区域碳市场的连接，公共部门资金与私营部门资金的合作等。

因此，对于当前的全球气候治理而言，全球层面非强制性的、不具约束力的体制机制与各国国内的强制性的、具有约束力的法律框架之间仍处于脱节的状态。这种脱节一方面将导致国际协定难以通过国内立法机关的批准，从而导致难以正式生效，另一方面也将降低各国因不履行承诺而付出的代价，从而使全球气候治理的成效大打折扣。

五、全球气候治理的外部环境比较严峻

有效的全球气候治理离不开良好的外部环境，但环顾当今世界，形势严峻，不容乐观。习近平主席指出，当今世界面临四大赤字，即治理赤字、信任赤字、和平赤字和发展赤字。关于治理赤字，他指出，“全球热点问题此起彼伏、持续不断，气候变化、网络安全、难民危机等非传统安全威胁持续蔓延，保护主义、单边主义抬头，全球治理体系和多边机制受到冲击。”关于信任赤字，他强调，“当前，国际竞争摩擦呈上升之势，地缘博弈色彩明显加重，国际社会信任和合作受到侵蚀。”关于和平赤字，他指出，“人类今天所处的安全环境仍然堪忧，地区冲突和局部战争持续不断，恐怖主义仍然猖獗，不少国家民众特别是儿童饱受战火摧残。”关于发展赤字，他强调，“当前，逆全球化思潮正在发酵，保护主义的负面效应日益显现，收入分配不平等、发展空间不平衡已成为全球经济治理面临的最突出问题。”[①] 进入 2020 年，一场突如

① 《习近平在中法全球治理论坛闭幕式上的讲话》，新华网 2019 年 3 月 26 日，http://www.xinhuanet.com/politics/leaders/2019-03/26/c_1124286585.htm?agt=1887。

其来的新冠肺炎疫情在世界迅速蔓延，对世界政治、经济、贸易和地缘政治产生深远影响，被公认为是第二次世界大战以来国际社会遭遇的最严重的危机。上述严峻的外部环境在一定程度上转移了国际社会对全球气候治理的关注程度，削弱了国际社会在全球气候治理中的合作意愿与信心。

回顾过去30年全球气候治理走过的历程，人们总是在问：为什么国际气候变化谈判如此艰难？原因很多，包括全球性多边谈判效率普遍比较低、气候变化问题有其自身的特点，如时空尺度大、存在一定的科学不确定性等，其中最核心的原因是国际气候变化谈判的重点是责任分担，即未来碳排放权的分配，是每个国家在特定发展阶段为争取碳排放空间和发展权而对全球资源的又一次重新分配，其实质是各国为争夺未来在能源安全和经济方面竞争力优势而进行的一场激烈较量，对国际格局有重要影响，事关各国重大的国家利益。对发展中国家而言，更是一场关系到维护国家生存权和发展权的国际政治博弈。所以，国际气候变化谈判耗时长，起伏大，“搭便车”现象尤其突出。但从长远看，应对气候变化事关人类的前途与命运，各国必须携手合作，各尽所能，共同走上绿色低碳发展的光明大道。

第二章
中国与全球气候治理的核心理念

1992 年达成的《公约》明确将共区原则、可持续发展原则、风险预防原则等作为推进全球气候治理的主要原则和核心理念。长期以来，中国在参与全球气候治理的进程中始终坚持和维护上述原则和理念。比如，在 2019 年第二十三届圣彼得堡国际经济论坛全会上，中国国家主席习近平发表题为《坚持可持续发展　共创繁荣美好世界》的致辞。他强调："放眼世界，可持续发展是各方的最大利益契合点和最佳合作切入点。联合国 2030 年可持续发展议程着眼统筹人与自然和谐共处，兼顾当今人类和子孙后代发展需求，提出协调推进经济增长、社会发展、环境保护三大任务，为全球发展描绘了新愿景。""作为世界最大的发展中国家和负责任大国，中国始终坚定不移履行可持续发展承诺，取得了世人公认的成就。可持续发展是破解当前全球性问题的'金钥匙'，同构建人类命运共同体目标相近、理念相通，都将造福全人类、惠及全世界。中国愿继续同各方携手努力，秉持可持续发展理念，体现人类命运共同体担当，倡导多边主义，完善全球治理，共同促进地球村持久和平安宁，共同创造更加繁荣美好的世界。"2020

年 12 月 12 日，习近平主席在联合国气候雄心峰会上通过视频发表题为《继往开来，开启全球应对气候变化新征程》的讲话，强调各国应该遵循共区原则，根据国情和能力，最大程度强化行动。

近年来，中国在积极采取应对气候变化行动、践行全球气候治理的上述核心理念的同时，也致力于统筹国内气候治理和全球气候治理两个大局，与世界分享中国关于如何应对全球挑战、推动全球气候治理的理论思考，贡献中国概念和中国理念。生态文明理念和人类命运共同体理念就是其中最具代表性的贡献。

生态文明理念和人类命运共同体理念都要求中国更加积极有效地应对气候变化。两者作为中国国内建设与发展、国际参与和合作的中长期重要目标和基本方向，对于完善应对气候变化的具体方案、促进应对气候变化的实际行动都有重大的引领和推动作用。

中共十八大提出“五位一体”的总体布局，从国家根本任务和基本国策的高度推进生态文明建设，确定要“坚持共同但有区别的责任原则、公平原则、各自能力原则，同国际社会一道积极应对气候变化”，以维护良好生态环境，巩固社会持续发展的根本基础。中共十九大报告则站在新时代坚持和发展中国特色社会主义的基本方略的高度，要求坚持人与自然和谐共生，加快生态文明体制改革，建设美丽中国，着力解决突出环境问题，参与全球环境治理，落实减排承诺；并从推动构建人类命运共同体的要求出发，提出要“坚持环境友好，合作应对气候变化，保护好人类赖以生存的地球家园”。

生态文明理念和人类命运共同体理念，前者主内，后者主外，但都兼顾内外，为中国应对气候变化、推动完善全球气候治理体系提供了根本的理念支撑和基本的行动思路。这条思路就是，做好国内的低碳绿色发展与减缓和适应工作，积极参与和引领国际气候合作。可以说，生态文明理念和人类命运共同体理念共同构成了中国应对气候变化的核心理念。

图 2 中国应对气候变化的核心理念

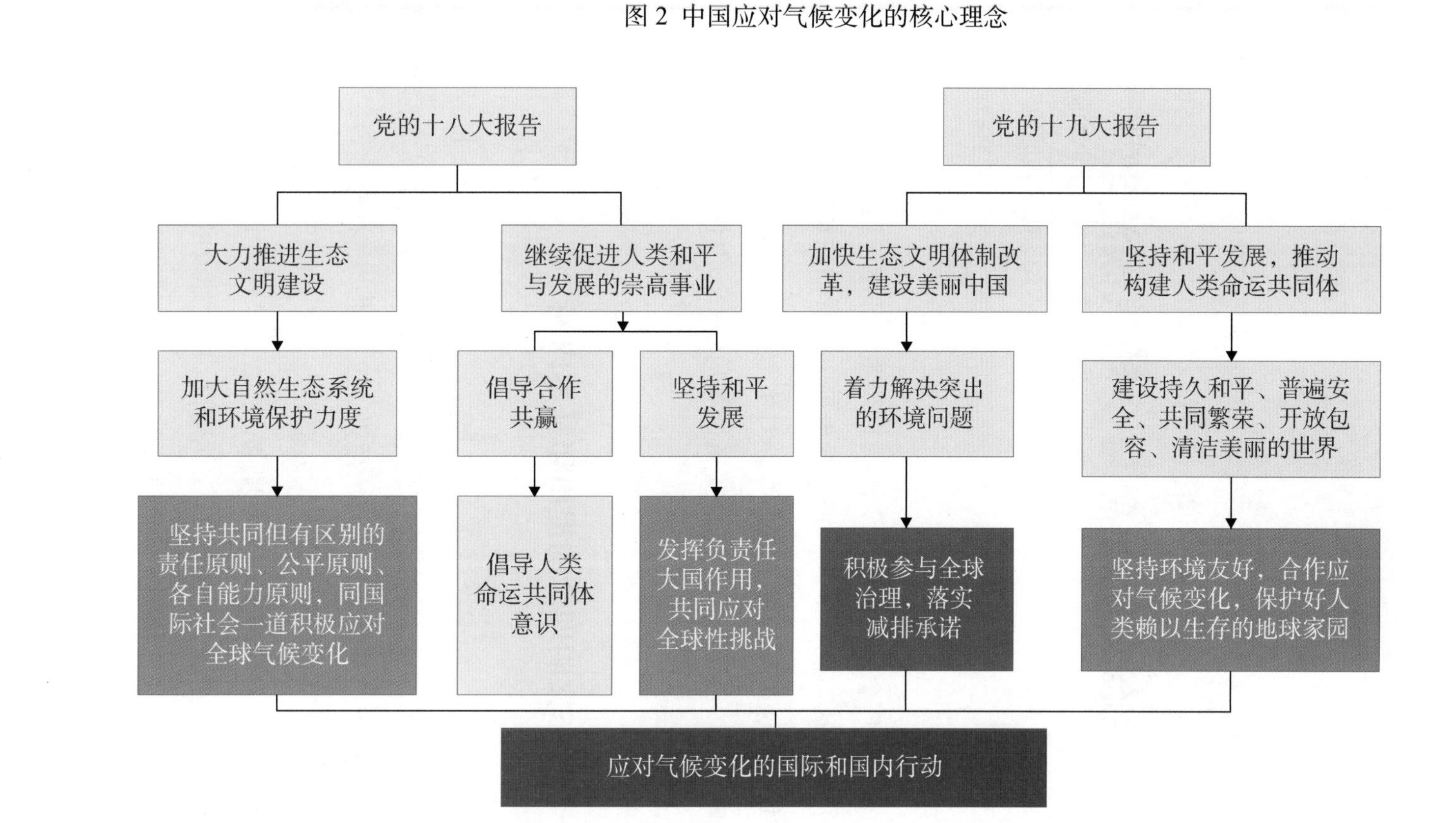

资料来源：作者自制。

第一节
生态文明理念与全球气候治理

生态文明理念是中国针对资源约束趋紧、环境污染严重、生态系统退化的严峻形势而确立的新的理念和发展方向。而污染减排压力和气候变化导致生态保护与修复难度加大，对生态文明建设构成巨大挑战。从国家战略、国内外统筹、具体落实途径等角度看，气候治理都与生态文明建设密切相关。

一、生态文明理念的提出和基本内涵

“生态文明”的理念早在2007年就写入了中共十七大报告。2012年11月召开的中共十八大则将“生态文明建设”提升到了基本国策的高度。十八大提出“经济建设、政治建设、文化建设、社会建设、生态文明建设五位一体总布局”，要求大力推进生态文明建设，树立尊重自然、顺应自然、保护自然的生态文明理念，把生态文明建设放在突出位置，并使之融入经济建设、政治建设、文化建设、社会建设的各方面和全过程。具体而言，要求从优化国土空间开发格局、全面促进资源节约、加大自然生态系统和环境保护力度、加强生态文明制度建设这四个方面着手，建设美丽中国。“五位一体”的总布局使生态文明建设成为各个层次积极探索、各行各业努力践行的国家大事。随后，中共十八届三中、四中、五中全会分别进一步确立了生态文明体制改革、生态文明法制建设和绿色发展的任务。

十八大以来，中国生态文明事业发展实现历史性、转折性、全局性变化，污染治理力度之大、制度出台频度之密、监管执法尺度之严、环境质量改善速度之快前所未有。《关于加快推进生态文明建设的意见》和《生态文明体制改革总体方案》相继出台，40 多项涉及生态文明建设的改革方案制定并落实，《大气污染防治行动计划》《水污染防治行动计划》《土壤污染防治行动计划》颁布实施，《中华人民共和国环境保护法》修订施行，开启了生态文明建设新篇章。

中共十九大立足生态文明建设取得的阶段性成果，着眼未来，进一步将“坚持人与自然和谐共生”作为新时代坚持和发展中国特色社会主义的十四条基本方略之一，强调“必须树立和践行绿水青山就是金山银山的理念，坚持节约资源和保护环境的基本国策”，作出了加快生态文明体制改革、建设美丽中国的战略部署。2018 年中共中央、国务院印发《关于全面加强生态环境保护坚决打好污染防治攻坚战的意见》，对加强生态环境保护、打好污染防治攻坚战作出了全面部署，推动中国生态文明建设进入新时代。

2018 年 5 月，习近平在全国生态环境保护大会上发表讲话强调，新时代推进生态文明建设，必须坚持好以下原则。一是坚持人与自然和谐共生，坚持节约优先、保护优先、自然恢复为主的方针，像保护眼睛一样保护生态环境，像对待生命一样对待生态环境，让自然生态美景永驻人间，还自然以宁静、和谐、美丽。二是绿水青山就是金山银山，贯彻创新、

中国各地积极实践“绿水青山就是金山银山”理念，探索绿色发展新模式。

协调、绿色、开放、共享的发展理念，加快形成节约资源和保护环境的空间格局、产业结构、生产方式、生活方式，给自然生态留下休养生息的时间和空间。三是良好生态环境是最普惠的民生福祉，坚持生态惠民、生态利民、生态为民，重点解决损害群众健康的突出环境问题，不断满足人民日益增长的优美生态环境需要。四是山水林田湖草是生命共同体，要统筹兼顾、整体施策、多措并举，全方位、全地域、全过程开展生态文明建设。五是用最严格制度最严密法治保护生态环境，加快制度创新，强化制度执行，让制度成为刚性的约束和不可触碰的高压线。六是共谋全球生态文明建设，深度参与全球环境治理，形成世界环境保护和可持续发展的解决方案，引导应对气候变化国际合作。以上构成了习近平生态文明思想的主体部分。

从长远来看，中国生态保护和建设的总体目标是到 2050 年，国土生态安全格局全面建成，生态系统实现良性循环，为建设生态文明和美丽中国、实现中华民族伟大复兴中国梦提供坚实的生态保障。总体思路是以建设生态文明为总目标，以满足全面小康、现代化建设和人们不断增长的生态需求为宗旨，深入实施生态兴国战略，大力构建坚实的生态安全体系，努力建设美丽中国，推动中国走向社会主义生态文明新时代；坚持生态优先，突出生态保护；坚持优化布局，强化生态修复；坚持改善民生，推动绿色发展；坚持深化改革，实施创新战略。

为了实现上述目标，习近平提出了加快构建新时代生态文明体系的总体方案。在 2018 年 5 月举行的全国生态环境保护大会上，习近平首次强调加快构建生态文明体系，加快建立健全以生态价值观念为准则的生态文化体系，以产业生态化和生态产业化为主体的生态经济体系，以改善生态环境质量为核心的目标责任体系，以治理体系和能力现代化为保障的生态文明制度体系，以生态系统良性循环和环境风险有效防控为重点的生态安全体系等五大生态文明体系。①

构建五大生态文明体系方案及其原则的提出，使中国生态文明建设从自发转向自觉、从局部转向全局、从个别转向整体，意味着中国生态文明建设顶层设计的完成和完善。

在上述思想、理念、提法之中，关于绿水青山、金山银山的论述是一项同时具有理论、实践意义的重大创新。2013 年 9 月 7 日，习近平在哈萨克斯坦纳扎尔巴耶夫大学发表题为《弘扬人民友谊 共创美好未来》的重要演讲。在回答该校学生关于环境保护的问题时，习近平指出："我们既要绿水青山，也要金山银山。宁要绿水青山，不要金山银山，而且绿水青山就是金山银山。我们绝不能以牺牲生态环境为代价换取经济的

① 《习近平出席全国生态环境保护大会并发表重要讲话》，中国政府网 2018 年 5 月 19 日，http://www.gov.cn/xinwen/2018-05/19/content_5292116.htm。

一时发展，我们提出了建设生态文明、建设美丽中国的战略任务，给子孙留下天蓝、地绿、水净的美好家园。”这构成了“两山理论”的“三个重要论断”：第一，“既要金山银山，也要绿水青山”说明经济发展与生态保护必须兼顾，而且能够兼顾；第二，“宁要绿水青山，不要金山银山”说明“生态优先”，生态环境保护必须是经济发展的前提基础，“留得青山在，不怕没柴烧”；第三，“绿水青山就是金山银山”说明生态环境是宝贵资源，可以转化为生产力，要坚持生态经济化和经济生态化。[①]“两山理论”为环境与经济协同发展提供了重要的实践指导。

二、生态文明建设与气候治理的关系

中国气候条件复杂，生态环境脆弱，极易受到气候变化的不利影响，而目前中国适应气候变化特别是应对极端天气和气候事件的能力仍显不足。中共中央、国务院《关于加快推进生态文明建设的意见》特别提出，要坚持把绿色发展、循环发展、低碳发展作为建设生态文明的基本途径，将应对气候变化作为中国可持续发展的内在要求，提升应对气候变化在中国经济社会发展“五位一体”全局中的战略地位。由此可见，气候治理与生态文明建设密切相关。具体来说，两者关系可归纳为三个方面。

（一）积极应对气候变化是建设生态文明的重要举措和应有之义

从国家战略角度看，积极应对气候变化是加快推进生态文明建设、落实“五位一体”总体布局的内在需求和应有之义。中国确立的生态文明理念，从根本上提升了中国开展国内气候治理和参与全球气候治理的意愿。

① 沈满洪：《习近平生态文明思想的萌发与升华》，《中国人口·资源与环境》2018 年第 9 期，第 1—7 页。

“生态兴则文明兴，生态衰则文明衰”，生态文明建设事关国家、民族永续发展的根本大计，因而也是中国应对气候变化事业所应遵循的宏观战略和行动指南。[①] 习近平在全国生态环保大会上强调“共谋全球生态文明建设，深度参与全球环境治理”，提出要“实施积极应对气候变化国家战略，推动和引导建立公平合理、合作共赢的全球气候治理体系，彰显我国负责任大国形象，推动构建人类命运共同体”。

（二）国内生态文明建设与全球气候治理合作相互交融、相辅相成

从内外统筹的角度看，将国内低碳发展工作与引领全球气候治理有机结合，有助于更好地协调推进国内生态文明建设与维护全球生态安全之间的关系，真正将中国新时代的现代化进程与人类命运共同体的构建融合起来，携手并进。

2015 年，中共中央、国务院先后发布了《加快推进生态文明建设的意见》《生态文明体制改革总体方案》等重要文件，明确把加快推进生态文明建设作为积极应对气候变化、维护全球生态安全的重大举措，把绿色发展、循环发展、低碳发展作为生态文明建设的基本路径，加快建立系统完整的生态文明制度体系，增强生态文明体制改革的系统性、整体性、协同性。由此可见，国内生态文明建设与全球气候治理合作是相互交融的，既统一于更宏大的全球生态安全目标，又重叠在国内绿色、低碳、循环发展的改革进程之中。

此外，能否推动和引导建立公平合理、合作共赢的全球气候治理体系，不仅影响到中国环境治理的水平和生态文明建设的进展，更事关人类命运共同体的建设。以更有效的全球应对气候变化为倒逼机制，可以

---

① 刘长松、刘强、徐华清、马爱民：《学习贯彻习近平生态文明思想 积极应对气候变化》，《中国环境报》2018 年 8 月 14 日。

优化国内生态文明建设的体制与措施；同时，国内生态文明建设过程中涌现出的新思路、好经验，都有可能作为应对气候变化的最佳实践（best practice），为各国应对气候变化提供有益参考。两者相互结合，有助于中国更好地扮演全球气候治理参与者、贡献者、引领者的角色。所以，在手段、方式的层面，国内生态文明建设和全球气候治理是相辅相成的。

（三）生态文明建设与气候治理路径相通，具有协同效应

从具体落实的角度看，生态文明建设与应对气候变化有许多相似的中观目标、相通的政策路径、相同的施策手段，两者相辅相成、互相促进，具有协同效应。

生态文明建设关乎“两个一百年”奋斗目标和人民福祉，是一项庞大的系统工程，要求在战略层面实现生态文明建设三大支柱（资源节约、生态安全和环境保护）和“四化同步”（新型工业化、信息化、城镇化、农业现代化）相融合。

生态文明建设有九大重点领域，每个领域中都有着力点和突破口与减缓或适应气候变化密切相关。[①] 九大领域中，关联性尤为突出的是能源可持续领域、生态保护和建设领域、环境保护领域。

首先，能源可持续发展战略要求遵循节能优先、总量控制的原则，推动能源生产和消费革命，加强高碳能源低碳化利用，强化科技支撑、抢占制高点，深化能源领域的国际合作，推进能源管理、价格、政策方面的体制改革，这与减缓气候变化的主要政策手段完全重合。尤其是深入推进、推广清洁能源技术、资源循环利用技术，不仅能提高能源资源

① 中国工程院“生态文明建设若干战略问题研究”项目研究组：《中国生态文明建设若干战略问题研究（综合卷）》，北京：科学出版社，2016 年。

利用效率，节能减排，还能够提高经济活动的生态效率，减少环境污染。[①]

其次，生态保护和建设要求对自然生态系统和人工生态系统开展保存、保护、培育、保育、修复、转变、改良、改造、恢复重建、更新或新建等活动。生态保护和建设有八大重点任务和十二项重大工程（见表2）。其中，有些工程能同时服务于多个目标，几乎所有的任务和工程都直接或间接地有助于扩增生物碳汇、应对气候变化；反之，生物碳汇扩增也是生态保护和建设的重要内容之一。

表2 生态保护和建设战略的八大重点任务和十二项重大工程

重点任务	重大工程
保护和建设森林生态系统	天然林保护工程
	退耕还林工程
	区域防护林建设工程
	森林保育和木材战略储备工程
保护和修复草原生态系统	草原治理工程
保护和修复荒漠生态系统	荒漠化防治工程
保护和恢复湿地生态系统	湿地保护恢复工程
保护和改良农田生态系统	水土保持工程
建设和改善城镇生态系统	城镇绿化及城市林业工程
加强工矿交通废弃损害用地的生态修复	工矿交通废弃地修复工程
维护和发展生物多样性	野生动植物保护及自然保护区建设工程
	国家公园体系建设工程

资料来源：中国工程院“生态文明建设若干战略问题研究”项目研究组：《中国生态文明建设若干战略问题研究（综合卷）》，科学出版社，2016年。

① 陈洪波、潘家华：《我国生态文明建设理论与实践进展》，《中国地质大学学报（社会科学版）》2012年第5期，第13—17页。

最后，环境保护战略的具体任务之一是深化大气污染综合防治，加速实现空气质量达标。为强化工业污染防治，需加强产业结构调整，淘汰落后产能、压缩过剩产能，优化产业布局；调整能源结构，加强煤炭总量控制、加大清洁能源供给；治理机动车等污染移动源。这些措施都有助于控制温室气体排放。此外，发展绿色海洋经济，加强滨海区域生态防护工程也是环境保护的重要任务，而河口、海湾海洋生态修复，防护工程建设，监测技术研发和设备产业化等措施都有助于强化适应气候变化的能力、发展气候包容性经济。

除此以外，保障国土生态安全、优化水土资源配置和空间格局等战略，要求贯彻落实“人与自然再平衡”的原则，采用与此相适配的绿色、低碳、循环的可持续发展模式，这与减缓气候变化的总体要求是一致的。新型工业化战略和农业现代化战略分别要求发展绿色、低碳、循环型工业和农业，与减缓气候变化的工业、农业政策重合。绿色交通战略要求交通领域实现低能耗、低排放、低污染，与交通部门减排思路相通。新型城镇化战略要求发展绿色产业、转型基础设施建设、推动生态城区建设与改造示范，不仅有助于引导城镇地区减排控温，也能提高城镇地区的气候韧性。绿色消费与生态文明宣传教育旨在引导人民群众在日常生活中绿色消费，尤其是在交通出行和住宅建筑选择方面树立绿色导向，这有助于控制人们的碳足迹、降低人均二氧化碳排放量。

第二节 人类命运共同体理念与全球气候治理

随着经济全球化和社会信息化深入发展，全球性挑战不断增多，人与自然的关系、人与人之间的关系已经进入到一个高度相互依存的状态之中。正是在此背景下，中共十九大报告提出了“人与自然是生命共同体”和“人类命运共同体”的理念。其核心就是强调人类生存在历史和现实交汇的同一时空中，因为我们只有一个共同的地球，因相互联系、相互依存的不断加深而越来越你中有我、我中有你。作为一个共享命运的共同体，各国必须“同舟共济，权责共担，增进人类共同利益”。这对于应对日益严峻的生态环境问题和全球气候问题、促进全球治理体系变革，具有十分重要的指导意义。

一、人类命运共同体理念的提出和基本内涵

人类命运共同体理念最早出自中共十八大报告。该报告指出，要倡导“人类命运共同体”意识。这是人类命运共同体理念首次载入中国共产党的重要文件，成为中国与世界相处的重要指导思想。

此后，随着国际形势的变化，这一理念被赋予了更多更新的含义。2013 年 3 月，习近平在莫斯科国际关系学院首次向国际社会阐述人类命运共同体理念。2015 年 9 月，在联合国成立 70 周年系列峰会上，习近平主席发表题为《携手构建合作共赢新伙伴 同心打造人类命运共同体》的讲话，阐述了人类命运共同体“五位一体”内涵，即建立“平等相待、互商互谅的伙伴关系，营造公道正义、共建共享的安全格局，谋求开放创新、包容互惠的发展前景，促进和而不同、兼收并蓄的文明交流，构筑尊崇自然、绿色发展的生态体系”。[①]2017 年 1 月，习近平主席在联合国日内瓦总部发表题为《共同构建人类命运共同体》的主旨演讲。他指出，构建人类命运共同体关键在行动，国际社会需要从伙伴关系、安全格局、经济发展、文明交流、生态建设等方面作出努力。同年 10 月，中共十九大报告确认了“推动构建人类命运共同体”的国家目标和国际方略。2018 年 3 月，第十三届全国人民代表大会第一次会议表决通过《中华人民共和国宪法修正案》，正式将“推动构建人类命运共同体”的全球秩序理想、全球治理目标写入宪法。

人类命运共同体理念作为一种超越民族国家和意识形态的“全球观”，既是中国传统历史文化基础的当代反映，也是中国外交实践经验的不断升华，是中国政府着眼于世界和平发展、合作共赢的大局，顺应人类社会相互联系、相互依存的程度空前加深的历史潮流，提交的一份思考人类未来的“中国方略”，是中国特色大国外交理论的重大创新。它体现了中国人民顺应时代潮流的愿望，表达了中国追求和平发展、合作共赢的愿望，也为人类社会发展进步提供了新的思路，体现了今日中

① 《习近平在第七十届联合国大会一般性辩论时的讲话》，新华网 2015 年 9 月 29 日，http://www.xinhuanet.com/world/2015-09/29/c_1116703645.htm。

国努力参与解决世界难题的天下情怀和敢于担当历史责任的大国态度。[1]

人类命运共同体理念在尊重各国主权平等的前提下，倡导合作共赢、开放包容，更强调和谐共生。一方面，呼吁国际社会的多元行为体共同平等地参与世界事务的治理，实现对公共事务的共管共治；另一方面，要求各国正确认识和处理国家利益和共同利益的关系，建立共商共建共享的全球治理格局。

二、人类命运共同体理念和全球气候治理的关系

中共十九大报告将“坚持和平发展道路，推动构建人类命运共同体”作为中国对外行为的最高纲领，并指出在实现这一愿景的征途中，人类面临一系列非传统安全威胁和挑战，气候变化就是其中非常重要的一个挑战。为了构建人类命运共同体，需要各国携起手来，更有效地合作应对气候变化，需要“携手构建合作共赢、公平合理的气候变化治理机制”[2]。从这个角度看，2015 年达成的具有重要意义的《巴黎协定》“不是终点，而是新的起点”，是对未来全球治理模式的探索和构建人类命运共同体的推动。在未来的征程中，中国需要“引导应对气候变化国际合作，成为全球生态文明建设的重要参与者、贡献者、引领者”。构建人类命运共同体理念成为中国为推动全球气候治理提出的“中国方案”。

从哲学、伦理，国际政治和全球气候制度构建这三个角度看，人类命运共同体理念和气候治理理念相通，且互为目标、互为手段，相辅相成、共生共长。

---

① 王帆、凌胜利主编:《人类命运共同体：全球治理的中国方案》，长沙：湖南人民出版社，2017 年。

② 《习近平在气候变化巴黎大会开幕式上的讲话》，新华网 2015 年 12 月 1 日，http://www.xinhuanet.com/world/2015-12/01/c_1117309642.htm。

（一）人类命运共同体理念是对应对气候变化重要性的理论总结和理念升华

全球气候变化是当前人类社会面临的严重挑战和共同难题，涉及范围最广、影响最为全面、处理难度最大。“宇宙只有一个地球，人类共有一个家园……到目前为止，地球是人类唯一赖以生存的家园，珍爱和呵护地球是人类唯一的选择。”[①] 在气候变化面前，全球所有国家都无法独善其身、置身事外，气候变化的压力正迫使共同命运突显于人类社会。这种共同命运至少有三层含义：第一，就人类目前的科技和经济条件而言，地球是人类唯一的生存家园，全球系统的变化将威胁到地球上的每一个人和各种生物的生存与安全；第二，如果全球气候变化的严重影响真正发生，所有国家都将被迫承担后果；第三，应对气候变化的举措必须是全球性的，每个国家都应采取行动。[②]

从本体论和方法论的角度看，人类命运共同体理念和全球气候治理的目的是统一的。就本体论而言，两者都强调人类和世界首先是由具有共同生存需求、共同人性修养的“人”构成的，所以，即便世界是“非世界”，仍应从人类社会的整体视角出发，“以天下观天下”。相应的，两者都要求在面对“共同的问题”时，从方法论上超越分散的、割裂的国家体系，跳出“我者”与“他者”的对立思维，从整体论、系统论的角度出发寻求善治。

可以说，在气候变化面前，世界各国客观上已成为“命运共同体”，对这种“命运共同体”的认知正在为各国协调行动、开展合作塑造更为深

① 《习近平主席在联合国日内瓦总部的演讲》，新华网 2017 年 1 月 19 日，http://www.xinhuanet.com/world/2017-01/19/c_1120340081.htm。

② 李慧明：《构建人类命运共同体背景下的全球气候治理新形势及中国的战略选择》，《国际关系研究》2018 年第 4 期，第 3—20 页。

层的道德、伦理基础，而协调行动、开展合作的效果将直接决定人类的未来。

（二）倡导人类命运共同体是弱化气候治理“权力政治”的有效方式

应对气候变化的全球谈判和国际行动经常受到无政府体系中主权国家间权力政治博弈和个体权利至上追求的阻碍。一方面，作为气候治理的主要实施者，各国国情不同、利益不同、诉求迥异；另一方面，有效的气候治理需要各国经济社会发展转型，这不仅涉及当代社会经济系统比较核心的要素——能源转型和替代、高新技术等领域的重大利益，也使得全经济系统的成本—收益不太明确。在缺乏超国家权威提供的强制性合法权威制约的情况下，这两方面的因素导致全球气候治理的“集体行动困境”和“公地悲剧”。

全球气候治理的道路是曲折的，需要明确的航标和美好的愿景来引导，更需要充满情怀的叙事来凝聚人心。人类命运共同体是全球气候治理所指的方向和目标，这个理念本身就是要引导各国跳出国家私利或短期的局部利益，从人类面临的整体挑战、从长远利益的角度出发，打破国家利益分化的藩篱、摆脱局部短视的倾向，在追求本国利益的同时兼顾他国的合理关切，在谋求本国发展的过程中促进各国共同发展。[①] 不仅如此，构建人类命运共同体为气候变化威胁中的人类社区绘就了一幅“持久和平、普遍安全、共同繁荣、开放包容、清洁美丽”的发展蓝图。一种“你中有我、我中有你”的人情世界，有助于引导人们克服困难、摆脱纷争、走向共治。

因此，倡导各国的“共同命运”、保护人类未来的“共同责任”，在此基础上凝聚最基础、最根本的共识，用人们普遍理解、接受的话语，

---

① 曲星：《人类命运共同体的价值观基础》，《求是》2013 年第 4 期。

由具备重要影响力的国家积极倡导、利用国际制度打造应对气候变化的人类命运共同体，可能是弱化权力政治博弈和个体权利至上追求、推动全球气候合作的比较有效的办法。

（三）合作应对气候变化是构建人类命运共同体的有效路径

相较于其他全球性问题或国际事务而言，应对气候变化或许是构建人类命运共同体更便捷的途径。

一方面，气候变化是人类社会经济全系统的最大外部性影响因素，而人类命运共同体的方案在明确提出包括五大支柱的操作指南的同时，又为各国选择具体方案提供了充足的创意空间。所以，应对气候变化可以充分发挥人的主观能动性，从任何切入点、利用任何有效的创意措施寻求突破。

另一方面，与其他诸如安全、贸易、海洋、军备、地缘政治等世界事务相比，各国在气候变化方面有更多的利益共同点和达成共识、开展合作的基础与前景。在应对气候变化领域，更有可能扩大各方利益的交汇点，促进国际关系由“零和博弈”转向合作共赢，夯实“共同体”理念。各国有效地合作应对气候变化能成为打造人类命运共同体的重要抓手和成功范例。[①]

举例来说，中国推进“一带一路”合作建设，就是践行合作共赢、共同发展的全球治理新理念，力求推动构建人类命运共同体的创造性举措。中国在“一带一路”建设中秉承生态文明建设的指导思想和绿色低碳发展理念，将气候治理的目标、任务、原则有机融入其中，推进与沿

① 何建坤：《〈巴黎协定〉后全球气候治理的形势与中国的引领作用》，《中国环境管理》2018年第1期，第9—13页。

线国家的可持续发展战略相对接，并把应对地球生态危机、建设全球绿色发展的生态体系作为重要指导思想；同时，打造先进能源技术和低碳基础设施的互联互通，发挥中国在新能源技术和智慧电网领域的技术优势，发展跨国的全球能源互联网，促进发展中国家可再生能源资源优化开发利用，在满足其经济发展和民生改善不断增长的能源需求同时，走上绿色低碳的发展路径。“一带一路”建设以绿色发展、生态文明建设为重点，契合联合国2030年可持续发展目标以及《巴黎协定》应对气候变化的目标，不仅创造了推动沿线各国共同应对气候变化国际合作的新兴模式和成功经验，而且在客观上为国际社会提供了区域性、全球性公益产品，夯实了构建人类命运共同体的基础。①

三、生态文明理念和人类命运共同体理念在全球气候治理中的影响

（一）中国与世界分享生态文明理念和人类命运共同体理念的努力

为推动应对气候变化国际合作，促进全球绿色低碳发展，近年来中国采取多种途径，向世界贡献绿色低碳发展和全球气候治理的中国方案和中国智慧。

首先，利用联合国等国际组织多边平台积极发声，宣讲生态文明理念和人类命运共同体理念对全球气候治理的重要性。比如，中国国家主席习近平2015年11月30日在巴黎出席气候变化巴黎大会开幕式，并发表题为《携手构建合作共赢、公平合理的气候变化治理机制》的重要讲话，指出：“过去几十年来，中国经济快速发展，人民生活发生了深刻变化，

① 齐晔、张希良：《中国低碳发展报告（2018）》，北京：社会科学文献出版社，2018年。

但也承担了资源环境方面的代价。鉴往知来，中国正在大力推进生态文明建设，推动绿色循环低碳发展。中国把应对气候变化融入国家经济社会发展中长期规划，坚持减缓和适应气候变化并重，通过法律、行政、技术、市场等多种手段，全力推进各项工作。”2020 年 9 月，习近平主席在联合国生物多样性峰会上强调，要“坚持生态文明，增强建设美丽世界动力。生物多样性关系人类福祉，是人类赖以生存和发展的重要基础。工业文明创造了巨大物质财富，但也带来了生物多样性丧失和环境破坏的生态危机。生态兴则文明兴。我们要站在对人类文明负责的高度，尊重自然、顺应自然、保护自然，探索人与自然和谐共生之路，促进经济发展与生态保护协调统一，共建繁荣、清洁、美丽的世界”。他同时表示，“中国将秉持人类命运共同体理念，继续作出艰苦卓绝努力，提高国家自主贡献力度，采取更加有力的政策和措施，二氧化碳排放力争于 2030 年前达到峰值，努力争取 2060 年前实现碳中和，为实现应对气候变化《巴黎协定》确定的目标作出更大努力和贡献。”[①]

其次，中国通过举办各种国际论坛，主动向世界介绍生态文明理念和人类命运共同体理念。比如，中国于 2007 年发起创办库布其国际沙漠论坛。该论坛是全球唯一的致力于推动世界荒漠化防治和绿色经济发展的大型国际论坛，每两年举办一届，迄今已连续成功举办七届。生态文明贵阳国际论坛创办于 2008 年，是中国唯一以生态文明为主题的国家级国际论坛。不同国家、不同地区的各界人士在这两个国际论坛上深入交流，共谋生态文明建设大计。

再次，中国积极与国际组织合作，联合发表研究报告，分享中国在

① 《习近平在联合国生物多样性峰会上发表重要讲话》，新华网 2020 年 9 月 30 日，http://www.xinhuanet.com/politics/leaders/2020-09/30/c_1126565287.htm。

绿色低碳发展方面的实践和思考。比如，2016 年 5 月，在中国的支持下，联合国环境规划署发布了《绿水青山就是金山银山：中国生态文明战略与行动》报告。

（二）生态文明理念和人类命运共同体理念的国际影响

由于其本身的理论优势和努力推广，生态文明理念和人类命运共同体理念越来越多地受到国际社会的认可。

2016 年 5 月，第二届联合国环境大会期间，联合国副秘书长、环境规划署执行主任施泰纳表示，中国的生态文明建设是对可持续发展理念的有益探索和具体实践，为其他国家应对类似的经济、环境和社会挑战提供了经验借鉴。[①]2018 年，第三届联合国环境大会期间，联合国副秘书长、环境署执行主任埃里克·索尔海姆表示："中国生态文明建设理念和经验，为全世界可持续发展提供了重要借鉴，贡献了中国的解决方案。"[②]2020 年 6 月 4 日，联合国环境规划署执行主任英厄·安诺生表示，中国生态文明建设理念令她印象深刻。她说："中国将生态文明建设作为国家发展的重要目标，我们乐于看到更多国家作出类似承诺，这将有助于达成人与自然的平衡发展"，"中国所倡导的生态文明模式可以作为指导全球生物多样性保护议程的模板"。[③] 印度著名生物多样性专家巴拉克里斯纳·皮苏帕提指出，生态文明不再是来源不清的概念，而是化身全球行动，并不断获得更多认可；应密切关注生态文明这一重要概

① 蒋安全、李志伟：《中国生态文明理念走向世界》，《人民日报》2016 年 5 月 28 日。

② 李志伟：《"中国能够成功解决生态环境问题"——访联合国环境规划署执行主任索尔海姆》，《人民日报》2018 年 5 月 25 日。

③ 杨臻：《中国生态文明建设理念值得国际社会借鉴——专访联合国环境规划署执行主任英厄·安诺生》，新华网 2020 年 6 月 5 日，http://www.xinhuanet.com/2020-06/05/c_1126079641.htm。

念，它不仅是生态环境管理领域的重要术语，也是协调社会发展与生态保护的重要指导思想。[①]

2017 年 2 月，联合国社会发展委员会第 55 届会议通过了“非洲发展新伙伴关系的社会层面”决议，呼吁国际社会本着合作共赢和构建人类命运共同体的精神，加强对非洲经济社会发展的支持。这是人类命运共同体理念首次写入联合国决议。会议主席菲利普•查沃斯赞许说：“构建人类命运共同体的理念是中国人着眼于人类长远利益的远见卓识。”同年 3 月，联合国人权理事会第 34 次会议通过的关于经济、社会、文化权利的决议和关于粮食权的决议，都明确提出要“构建人类命运共同体”。联大第一委员会也将其写入决议之中，使这一中国理念日益成为国际共识，成为国际法治的重要内容。

值得一提的是，联合国《生物多样性公约》第十五次缔约方大会将大会主题定为“生态文明：共建地球生命共同体”。这是联合国首次以“生态文明”为主题召开的全球性会议，反映了“生态文明”与“人类命运共同体”这两个概念正成为日益扩大的国际共识。

① Balakrishna Pisupati, Ecological civilization and the new global biodiversity framework, on 6 April 2020, https://india.mongabay.com/2020/04/commentary-ecological-civilisation-and-the-new-global-biodiversity-framework/.

第三章
中国与全球气候治理的领导力供给

全球气候治理以联合国气候变化谈判进程为核心，以落实《公约》为主渠道。《公约》现有缔约方 195 个，比联合国成员国总数还多，《公约》缔约方大会是当今世界最具普遍性的多边谈判进程之一。在国际气候变化谈判中，宏观上，根据不同利益，主要划分为发达国家和发展中国家两大阵营，形成了欧盟、以美国为首的伞形国家、中国等发展中国家组成的“77 国集团 + 中国”三大势力；微观上，又根据不同议题和立场，组成了很多南南、北北、南北国家间小集团，如“基础四国”、小岛屿国家联盟、非洲国家集团、“立场相近发展中国家”等。谈判格局和各个集团之间的关系纵横交错，错综复杂。《公约》决策机制是公开透明、广泛参与、缔约方驱动、协商一致，决策效率很低。因此，大国在其中发挥主导和领导作用对提高谈判效率、推动谈判进程至关重要。30 年国际气候变化谈判的历程表明，什么时候存在强有力的领导，国际气候变化谈判就比较顺利，进展就比较大；什么时候缺乏强有力的领导，出现领导力赤字，国际气候变化谈判就容易陷入僵局，停滞不前。

长期以来，欧盟是国际气候变化谈判的积极推动者，但自后《京都议定书》进程以来，欧盟受到世界金融危机、债务危机、难民危机和英国脱欧等问题的困扰，在全球气候治理中的影响力和领导力有所下降，这在 2009 年哥本哈根气候大会及后续的谈判中得到比较明显的反映。2015 年《巴黎协定》的达成，中美合作发挥全球领导力起到了关键作用。但不幸的是，美国特朗普政府 2017 年宣布退出《巴黎协定》，拒绝发挥领导作用，使全球气候治理再次面临严重的领导力赤字。2021 年 1 月，美国拜登政府宣布重返《巴黎协定》，但在中美战略竞争加剧的背景下，中美气候合作已很难回到 2015 年巴黎气候大会前后的状态。

在此背景下，国际社会对中国发挥积极领导作用的期望陡然上升。如何评价中国在全球气候治理中的作用？中国又是如何为全球气候治理提供急需的领导力的？本章将从中国参与国际气候变化谈判这一全球气候治理核心进程的角色演变中寻求答案。

中国始终是联合国气候变化谈判的重要参与者，但不同时期中国扮演的角色和发挥的作用是不断变化的。回顾中国参与联合国气候变化谈判 30 年的历史进程，基于中国在国际气候变化谈判中的政策立场变化和国内应对气候变化行动的变化，以及全球气候治理进程的重要时间节点等三个指标，中国的角色变迁大致可划分为三个阶段，即第一阶段（1990—2006 年），积极参与者；第二阶段（2007—2015 年），积极贡献者；第三阶段（2015 年至今），积极引领者。

第一节 中国参与全球气候治理第一阶段（1990—2006年）：积极参与者

1990年是国际气候变化谈判的元年。中国作为积极参与者的角色，在这一阶段主要表现为以下几点：

一、中国积极认真参加联合国气候变化谈判

20世纪80年代末，当国际气候变化公约谈判的筹备工作在全球紧锣密鼓地展开之时，中国国内也开始认真着手谈判准备工作。1990年2月，中国成立国家气候变化协调小组，由气象局、国家计委、国家科委、外交部、环保局等18个单位参与，时任国务委员宋健担任组长。小组下设科学评价、影响评价、对策和国际公约4个工作组。国际气候公约的谈判由外交部条约法律司牵头。中国在参加谈判初期，认为气候变化问题涉及能源生产结构的调整与改造，国际气候公约势必涉及温室气体排放的限制及有关执行措施，这就会触及各国经济与社会发展的基础，从而可能影响中国经济发展。但应对气候变化是全球共同的利益和道义制高点，中国作为环境大国，应该对参加国际气候变化谈判持积极态度。

1992 年 6 月 11 日，时任中国国务院总理李鹏在巴西里约会议中心签署《联合国气候变化框架公约》。

基于上述基本思路，本着“积极认真，坚持原则，实事求是和科学态度”的方针，[①]1990 年协调小组通过了中国关于气候变化公约谈判的基本立场，为中国参与公约谈判奠定了良好基础。中国代表团在公约谈判中依托“77 国集团 + 中国”，积极为维护发展中国家的利益发声。“总的原则是不在有关谈判会议上当出头鸟，不单枪匹马地上阵，不把众人的注意力吸引到我们身上来。参加会议要采取低姿态，遇到有重大的利害关系的事，外交部的同志不能退让，其他人员要多交朋友多交流经验”。[②]

一个特别值得强调的事实是，除了在谈判磋商中积极发声，为表明中国参加公约谈判的积极姿态，中国在谈判进程中提出了一份完整的公

① 国务院环境保护委员会秘书处编：《国务院环境保护委员会文件汇编（二）》，北京：中国环境科学出版社，1995 年，第 259 页。

② 同上，第 247 页。

约草案提案——《关于气候变化的国际公约条款草案》。[①] 这在中国参与国际公约谈判的历史上还是第一次。[②] 公约谈判过程中，发展中国家只有中国和印度提出了完整的公约草案提案。后来，中印案文作为“77国集团＋中国”公约草案提案的蓝本，成为重要的基础谈判文件。[③] 为更有力地参与气候变化谈判，1998年，中国对原气候变化协调小组进行了调整，成立了由13个部门参与的国家气候变化对策协调小组。2006年8月，中国国家气候变化专家委员会组建完毕，成为支撑中国参与气候变化谈判的重要智囊团。

二、中国坚定维护中国自身和发展中国家的发展权益

温室气体减排责任分担始终是联合国气候变化谈判的核心问题，也是谈判博弈的焦点。维护中国和其他发展中国家的基本发展权益，争取尽可能多的排放权和发展空间，不承担量化减排义务，是这一时期中国参与气候变化谈判的核心诉求之一。在公约谈判中，中国的基本立场是：先制定关于气候变化框架公约的原则，作为保护全球气候国际措施的法律基础，然后在此基础上谈判签订有关的议定书或附件；强调发达国家对造成全球气候变化所负的主要责任及因此在对付全球气候变化方面应当作出特殊的贡献，强调其向发展中国家提供必要的资金和技术；保护全球气候的措施应基于公平的原则，保证发展中国家合理的能源消耗，

① 草案全文参见：《〈关于气候变化的国际条约〉条款草案》，载于国务院环境保护委员会秘书处编：《国务院环境保护委员会文件汇编（二）》，北京：中国环境科学出版社，1995年。

② 张佳：《气候谈判话中国——外交部历任气候变化谈判代表讲述谈判历程》，《世界知识》2019年第5期，第38页。

③ 中华人民共和国外交部条约法律司编：《中国国际法实践案例选编》，北京：世界知识出版社，2018年，第208页。

不应损害发展中国家的发展权益。此外，公约谈判还应本着保护环境与尊重各国主权相平衡、环境保护与经济发展相协调的精神，确立国际社会在对付气候变化问题上进行公平合作的原则。[①] 中国政府的上述立场在《公约》中得到了基本体现。

《公约》采用“框架公约”的法律形式，规定了预防原则、共区原则、可持续发展原则等，为全球气候治理打下坚实的法律基础，推动了国际环境法一般原则的确立与发展。中国为推动达成框架公约和建立国际气候合作重要原则积极贡献了中国智慧。例如，在中国代表团提交的《关于气候变化的国际公约》条款草案第二条一般原则中，提出“各国在对付气候变化问题上具有共同但又有区别的责任”。这与后来《公约》中的共区原则几乎相同。在《公约》于 1992 年 6 月达成之后，中国全国人大于 1992 年 11 月批准该公约，1993 年 1 月中国将批准书交存联合国秘书长处，成为《公约》最早的缔约方之一。

《公约》于 1994 年生效之后，很快进入到《京都议定书》的谈判周期。《京都议定书》的主要任务就是谈判并制定一个确定发达国家减排温室气体量化义务的法律文件。但在谈判中，发达国家一直试图增加发展中国家的减排义务，双方为此展开激烈交锋。1997 年 12 月，《京都议定书》谈判刚刚开始，在通过会议日程时，发达国家在发言中突然要求增加一项议程，讨论发展中国家承担减排义务问题。中国代表团注意到了这一问题，举牌要求发言。两位中国代表对发达国家的要求提出批评。当时 77 国集团的轮值主席国坦桑尼亚的代表随后发言，支持中国立场。40 多个发展中国家代表也先后发言，反对为发展中国家增加额外的减排义务。最后，发达国家的提议被否决，谈判的最后结果是体现共区原则的《京都议定书》

---

① 国务院环境保护委员会秘书处编：《国务院环境保护委员会文件汇编（二）》，北京：中国环境科学出版社，1995 年，第 259 页。

得以达成。《京都议定书》是《公约》下的第一份具有法律约束力的文件，也是人类历史上首次以法规的形式限制温室气体排放的尝试。

《京都议定书》达成之后，针对一些发达国家要求中国承担减排义务的要求，2001年在《公约》第七次缔约方会议上，时任中国代表团团长、国家计委副主任刘江发言强调：（1）中国在达到中等发达国家水平之前，不可能承担减排温室气体的义务。但中国政府将继续根据自己的可持续发展战略，努力减缓温室气体的排放增长率。中国将继续积极推动和参加国际合作。（2）中国希望发达国家按照《公约》的规定提供技术转让和资金援助，以增强中国对付气候变化的能力。（3）缔约方会议应做几件事情：第一，应敦促发达国家履行其依《公约》第4条第2款承担的减排或限排义务、技术转让和提供资金援助的义务；第二，应敦促发达国家依据《京都议定书》第25条的规定，尽早批准议定书，而不应为批准议定书设定任何新的条件；第三，各国应开阔眼界，探讨符合各国国情的对付气候变化的各种途径；第四，缔约方会议应开始探讨实现公平原则的途径，包括防止或避免发达国家与发展中国家在能源消费和温室气体排放方面现存的不公平状况的永久化问题；第五，应严格按照《京都议定书》的规定拟订关于议定书"三机制"的具体运行规则。[①]2005年在《公约》第十一次缔约方会议暨《京都议定书》第一次缔约方会议部长级会议上，中国代表团团长王金祥发言，再次重申了相似立场。[②]

当然，1990—2006年期间，中国在国际气候变化谈判中的立场并非毫无变化，而是稳中有变。不变的是中国坚持不承担绝对量化减排温室

① 《中国代表团团长国家计委副主任刘江于2001年在气候变化公约第七次缔约方会议上的发言》，中国气候变化信息网，http://www.ccchina.org.cn/Detail.aspx?newsId=28203。

② 《中国代表团团长王金祥在气候变化公约第十一次缔约方会议暨京都议定书第一次缔约方会议部长级会议的发言》，中国气候变化信息网，http://www.ccchina.org.cn/Detail.aspx?newsId=28165&TId=61。

气体的义务，变化的是以比过去更灵活、更合作的态度参与国际气候变化谈判，具体体现在：第一，在对待“三个灵活机制”（联合履约机制、清洁发展机制、排放贸易机制）方面，尤其是对于清洁发展机制，由过去的怀疑转变为支持；第二，在资金和技术方面，由过去一味强调发达国家必须向发展中国家提供资金和技术援助，转向呼吁建立双赢的技术推广机制和互利技术合作；第三，从过去的专注于《公约》及其《京都议定书》转向对其他形式的国际气候合作机制持开放态度。①

不可否认，在这一时期，由于谈判能力和经验不足，中国尽管态度非常积极，但在地位上还比较被动，“参加国际谈判、开会，手中没有自己的科研资料，很被动”②，对国际环境问题及相关文件资料研究“还不够深入、透彻，与会准备不充分，有些对案和会议主题不衔接，发言次数少且针对性不强”③。另一方面，在中国国内，这一时期也有些人认为气候变化议题是西方发达国家不愿意看到中国快速发展，为延缓和阻止中国发展而故意设计的一个陷阱，是一个阴谋。这是当时中国国内气候政治的一个特点。④

三、中国积极展开国内节能减排行动

作为一个负责任的发展中国家，自 1992 年联合国环境与发展大会以后，中国政府率先组织制定了《中国 21 世纪议程——中国 21 世纪人口、

---

① 张海滨：《中国在国际气候谈判中的立场：连续性与变化及其原因探析》，《世界经济与政治》，2006 年第 10 期，第 36—43 页。

② 国务院环境保护委员会秘书处编：《国务院环境保护委员会文件汇编（二）》，北京：中国环境科学出版社，1995 年，第 249 页。

③ 同上，第 359 页。

④ 张海滨：《气候变化与中国国家安全》，北京：时事出版社，2010 年。

环境与发展白皮书》，并从国情出发采取了一系列政策措施，为减缓全球气候变化作出了积极贡献。

其一，调整经济结构，推进技术进步，提高能源利用效率。从20世纪80年代后期开始，中国政府更加注重经济增长方式的转变和经济结构的调整，将降低资源和能源消耗、推进清洁生产、防治工业污染作为中国产业政策的重要组成部分，取得了积极成效。1991—2005年，中国以年均5.6%的能源消费增长速度支持了国民经济年均10.2%的增长速度，能源消费弹性系数约为0.55。中国万元GDP能耗由1990年的2.68吨标准煤下降到2005年的1.43吨标准煤（以2000年可比价计算），年均降低4.1%；按环比法计算，1991—2005年的15年间，通过经济结构调整和提高能源利用效率，中国累计节约和少用能源约8亿吨标准煤。如按照中国1994年每吨标准煤排放二氧化碳2.277吨计算，相当于减少约18亿吨的二氧化碳排放。

其二，发展低碳能源和可再生能源，改善能源结构。在中国一次能源消费构成中，煤炭所占的比重由1990年的76.2%下降到2005年的68.9%，而石油、天然气、水电所占的比重分别由1990年的16.6%、2.1%和5.1%，上升到2005年的21.0%、2.9%和7.2%。2005年中国可再生能源利用量已经达到1.66亿吨标准煤（包括大水电），占能源消费总量的7.5%左右，相当于减排3.8亿吨二氧化碳。

其三，大力开展植树造林，加强生态建设和保护。改革开放以来，随着中国重点林业生态工程的实施，植树造林取得了巨大成绩。据第六次全国森林资源清查（1999—2003年），全国森林面积达到17491万公顷，森林覆盖率从20世纪90年代初期的13.92%增加到18.21%；全国人工造林面积达到0.54亿公顷，蓄积量15.05亿立方米，人工林面积居世界第一。据专家估算，1980—2005年中国造林活动累计净吸收约30.6亿吨二氧化碳，森林管理累计净吸收16.2亿吨二氧化碳，减少毁林排放4.3亿吨二氧化碳。

其四，实施计划生育，有效控制人口增长。自20世纪70年代以来，中国政府一直把实行计划生育作为基本国策，使人口增长过快的势头得到有效控制。通过计划生育，到2005年中国累计少出生3亿多人口，按照国际能源机构统计的全球人均排放水平估算，仅2005年一年就相当于减少二氧化碳排放约13亿吨，这是中国对缓解世界人口增长和控制温室气体排放作出的重大贡献。

此外，中国政府还加强了应对气候变化相关法律、法规和政策措施的制定，进一步完善了相关体制和机构建设。[①]

需要说明的是，从国内气候政策的制定和实施来看，在这一个阶段，中国已经出台了一系列重大的政策性文件，旨在调整经济结构，提高能源利用效率，改善能源结构。中国在环境、交通等领域也采取了相应的政策和措施。虽然这些政策的首要目标并非应对气候变化，但是它们试图整合应对气候变化的目标，是“与气候相关”的政策措施。从实施的角度看，虽然取得一定成效，但总体上已有相关政策的有效性和效率还不够高。

① 《中国应对气候变化国家方案》，中国政府网2007年6月4日，http://www.gov.cn/gzdt/2007-06/04/content_635590.htm。

第二节
中国参与全球气候治理
第二阶段（2007—2014 年）：积极贡献者

2007 年是中国履行《公约》要求、参与全球气候治理进程中具有重要意义的一年，标志着中国的角色从积极参与者向积极贡献者转变。就全球层面而言，2007 年发生了一系列重大的气候事件，堪称“国际气候年”。这一年，政府间气候变化专门委员会（IPCC）发布第四次评估报告，备受关注的联合国巴厘气候大会举行，联合国安理会就能源、安全与气候变化之间的关系展开辩论，气候变化对全球安全与发展的意义由此开始凸显并受到重视。与此同时，IPCC 和对环保事业一向热衷的美国前副总统戈尔共同被授予 2007 年度诺贝尔和平奖，说明应对气候变化已被视为关乎人类安全与和平的关键领域。就中国而言，2007 年中国在气候变化领域采取了一系列重要政策举措，具有开创性意义。2007—2014 年成为中国参与全球气候治理进程中扮演积极贡献者的时期。

一、中国应对气候变化的政策开始主流化和系统化

2007 年 6 月，国务院发布了《中国应对气候变化国家方案》，首次明确将应对气候变化纳入国民经济和社会发展的总体规划之中，明确了到 2010 年国家应对气候变化的指导思想、具体目标、基本原则、重点领域及政策措施，宣布到 2010 年，实现单位国内生产总值能源消耗比 2005 年降低 20% 左右，相应减缓二氧化碳排放。这是中国首部应对气候变化的全面的政策性文件，也是发展中国家颁布的第一部应对气候变化国家方案。

2008 年 6 月 27 日中共中央政治局进行第六次集体学习，时任中共中央总书记胡锦涛主持。他强调，必须以对中华民族和全人类长远发展高度负责的精神，充分认识应对气候变化的重要性和紧迫性，坚定不移地走可持续发展道路，采取更加有力的政策措施，全面加强应对气候变化能力建设，为中国和全球可持续发展事业进行不懈努力。他指出，中国正处于全面建设小康社会的关键时期，同时也处于工业化、城镇化加快发展的重要阶段，发展经济和改善民生的任务十分繁重，应对气候变化的任务也十分艰巨。妥善应对气候变化，事关中国经济社会发展全局和人民群众切身利益，事关国家根本利益。

同年 10 月，中共十七大报告提出，“加强应对气候变化能力建设，为保护全球气候作出贡献”。这是应对气候变化首次被写入中国共产党的纲领性文件。

自 2008 年起，中国每年发布《中国应对气候变化的政策与行动》，全面阐述中国积极应对气候变化的立场，介绍中国应对气候变化的新进展。2013 年，中国发布《国家适应气候变化战略》，将适应气候变化的要求纳入国家经济社会发展的全过程。另外值得一提的是，2007 年中国

2010年11月23日，国务院新闻办公室举行新闻发布会，时任国家发展改革委副主任解振华介绍《中国应对气候变化的政策与行动——2010年度报告》的有关情况并答记者问。

政府编制的第一部权威的国家气候变化评估报告发布，为中国制定和实施应对气候变化的国家战略和对策以及为中国参与应对气候变化国际合作提供了有力科技支撑。

二、中国的谈判立场发生微妙变化

2007年《中国应对气候变化国家方案》强调中国将本着积极参与、广泛合作的原则参与国际气候变化谈判。方案指出，“全球气候变化是国际社会共同面临的重大挑战，尽管各国对气候变化的认识和应对手段尚有不同看法，但通过合作和对话、共同应对气候变化带来的挑战是基本共识。中国将积极参与气候公约谈判和政府间气候变化专门委员会的相关活动，进一步加强气候变化领域的国际合作，积极推进在清洁发展机制、技术转让等方面的合作，与国际社会一道共同应对气候变化带来的挑战。”

2007 年之前，中国等发展中国家主张发达国家应该承担应对气候变化的首要责任，并且要求发达国家向发展中国家进行资金和技术转让，反对将发展中国家的自愿承诺问题提上议程，拒绝作出任何形式的减排承诺。2007 年之后，中国的谈判政策发生变化，虽然重申发展中国家现阶段不应当承担减排义务，但提出可以根据自身国情并在力所能及的范围内采取积极措施，尽力控制温室气体排放的增长速度。2009 年，中国宣布了自愿减排指标，决定到 2020 年单位国内生产总值二氧化碳排放比 2005 年下降 40%—45%。尽管这是自愿承诺，它却是中国首次在气候变化谈判历史上作出的量化的、清晰的承诺。

三、建立健全应对气候变化的职能机构和工作机制

为加强参与全球气候治理的力度，中国不断强化其制度和机构建设。2007 年中国成立了国家应对气候变化及节能减排工作领导小组，作为国家应对气候变化和节能减排工作的议事协调机构。中国外交部于 2007 年 9 月成立了应对气候变化对外工作领导小组，设立气候变化谈判特别代表。国家发展和改革委员会在 2008 年机构改革中设立了应对气候变化司。

四、积极推进联合国气候变化谈判进程

在这一阶段，中国利用其日益增加的国际影响力积极为推动气候变化谈判进程作出更多的贡献。2007 年 12 月，《公约》第十三次缔约方

会议暨《京都议定书》第三次缔约方会议在印度尼西亚巴厘岛举行，受到全世界的广泛关注。会议的主要成果是制定了“巴厘路线图”，其中最主要的是三项决定或结论：一是旨在加强落实《公约》的决定，即《巴厘行动计划》；二是《京都议定书》下发达国家第二承诺期谈判特设工作组关于未来谈判时间表的结论；三是关于《京都议定书》第九条下的审评结论，确定了审查的目的、范围和内容。“巴厘路线图”进一步确认了《公约》和《京都议定书》下的“双轨”谈判进程，并决定于2009年在丹麦哥本哈根举行的《公约》第十五次缔约方会议和《京都议定书》第五次缔约方会议上最终完成谈判。在本次会议上，中国代表团为绘成“巴厘路线图”作出了重要贡献。从大的方面讲，中国代表团提出启动《公约》谈判进程的目的是加强《公约》实施，坚持了共区原则。从小的方面讲，中国代表团提出“减缓、适应、技术、资金”四个轮子独立并行，强调了“技术和资金”在帮助发展中国家应对气候变化方面的极端重要性。以上这些均已反映在《巴厘行动计划》中。[①]

2009年12月19日，在经历复杂曲折的协商之后，哥本哈根气候变化大会发表了《哥本哈根协议》，避免了这场峰会的失败。在哥本哈根气候大会筹备期间，中国起草了关于哥本哈根会议成果的中国案文，并通过做“基础四国”代表的工作，在中国案文的基础上形成了“基础四国”成果文件草案。“基础四国”案文受到广大发展中国家的普遍欢迎和认可，非洲集团以“基础四国”案文为基础提出了非洲案文，两个工作组形成的主席案文在相当程度上借鉴了“基础四国”案文的架构并吸收了其中很多内容。“基础四国”案文为中国争取主动、引导谈判进程、促成会

① 苏伟、吕学都、孙国顺：《未来联合国气候变化谈判的核心内容及前景展望——“巴厘路线图”解读》，《气候变化研究进展》，2008年第4卷第1期。

议成果发挥了重要作用。在谈判面临失败的最后关头，中国积极利用“基础四国”协调机制，作出巨大努力，促成《哥本哈根协议》，为哥本哈根谈判取得成果发挥了关键作用。[①]

2012年多哈气候变化会议是气候变化国际谈判进程中承前启后的一次重要会议，既涉及落实各方已达成的共识、确定2020年前国际合作的相关机制安排，又关系到2020年后各方采取进一步强化行动的规划设计，受到各方高度关注。由于各方立场和利益存在很大差异，特别是围绕《京都议定书》第二承诺期问题的谈判一度陷入僵局，会议濒临失败。在危急关头，中国代表团密集开展外交斡旋，积极引导谈判走向，并应会议

2012年11月，第18届联合国气候变化大会在卡塔尔多哈举行。中国气候谈判首席代表苏伟代表“基础四国”发言时指出，发达国家应承担主要责任，率先应对气候变化。

① 赵承、田帆、韦冬泽：《青山遮不住　毕竟东流去——温家宝总理出席哥本哈根气候变化会议纪实》，中国政府网2009年12月24日，http://www.gov.cn/ldhd/2009-12/24/content_1496008.htm。

主席请求积极做相关国家的工作。在会议最后时刻，中国代表团因势利导，推动会议主席和秘书处下决心果断采用一揽子方式通过会议成果，为多哈会议取得积极成果作出了重要贡献。

在这一时期，为中国和发展中国家争取一定的排放空间一直是中国参加国际气候变化谈判的一个重点。正如时任国家发展改革委副主任解振华所言：一方面应对气候变化是中国实现可持续发展的内在需求，另一方面也要考虑中国实现经济社会发展目标所必需的排放空间和对人类共有大气资源的公平使用权。[①] 中国为维护发展中国家团结，巩固中国战略依托，积极运作，于2009年哥本哈根大会前倡导建立了中国、印度、巴西、南非“基础四国”磋商机制，定期协调立场；2012年又促成了30多个亚非拉国家参加的“立场相近发展中国家”协调机制，并加强同小岛国、最不发达国家、非洲集团的对话、沟通和相互理解。

① 《国务院关于应对气候变化工作情况的报告——2009年8月24日在第十一届全国人民代表大会常务委员会第十次会议上》，中国人大网2009年8月25日，http://www.npc.gov.cn/zgrdw/npc/xinwen/syxw/2009-08/25/content_1515283.htm。

第三节
中国参与全球气候治理第三阶段（2015年至今）：积极引领者

2015年12月12日，《公约》第二十一次缔约方大会在法国达成《巴黎协定》。《巴黎协定》是全球气候治理进程的重要里程碑，标志着2020年后的全球气候治理进入一个前所未有的新阶段。这个“新”具体体现在七个方面：新的长期目标、新的理念、新的减排格局、新的减排模式、新的谈判重心、新的治理模式，以及对全球治理新的信心。[①]

巴黎气候大会的成功举办，标志着中国在全球气候治理中的角色从积极贡献者向积极引领者转变。何为引领者？引领者与参与者和贡献者有重大区别，后两个角色主要采取跟随战略，前者则需要同时满足以下五个条件：第一，在思维和理念方面的领导力，能否设定议程，塑造议题？第二，在具体的谈判环节的领导力，能否在谈判的关键时刻消除关键障碍？第三，在绿色低碳发展方面的领导力，能否在绿色低碳经济的发展中发挥引领作用？第四，在全球气候合作中的领导力，能否提供足够规

① 张海滨、胡王云：《巴黎气候大会与全球气候治理的未来及中国的角色转换》，《中国国际战略评论（2016）》，北京：世界知识出版社，2016年。

2016年4月22日，中国国家主席习近平特使、国务院副总理张高丽在纽约联合国总部代表中国签署《巴黎协定》。

模的对外气候援助？第五，被国际社会接受和认可的程度，其引领作用是否得到国际社会大多数成员的肯定？

根据上述五个条件观察《巴黎协定》达成至今中国在全球气候治理中的角色和作用，不难发现，中国作为全球气候治理的积极引领者的形象越来越鲜明。

一、中国积极贡献全球气候治理的中国理念

中国在全球气候治理中积极提出应对气候变化要坚持人类命运共同体理念和生态文明理念，坚持共区原则，坚持气候公平正义，维护发展中国家基本权益，日益受到各缔约方的欢迎和重视。习近平主席2015年

11 月在气候变化巴黎大会开幕式上发表讲话，表示“作为全球治理的一个重要领域，应对气候变化的全球努力是一面镜子，给我们思考和探索未来全球治理模式、推动建设人类命运共同体带来宝贵启示”。他强调，“中国正在大力推进生态文明建设，推动绿色循环低碳发展”。2017 年 1 月 18 日，习近平主席在瑞士日内瓦万国宫出席“共商共筑人类命运共同体”高级别会议，并发表题为《共同构建人类命运共同体》的主旨演讲。他强调，“构建人类命运共同体，关键在行动。我认为，国际社会要从伙伴关系、安全格局、经济发展、文明交流、生态建设等方面作出努力”，呼吁要“坚持绿色低碳，建设一个清洁美丽的世界”。

二、在谈判的关键议题上发挥关键作用

关于中国在《巴黎协定》的谈判过程中发挥的重要作用，迄今国内外了解得并不全面和充分。幸运的是，2007 年以来长期担任国际气候变化谈判中国政府代表团团长的解振华先生最近撰文对这一问题作了系统权威的描述。[①] 根据他的分析，中国的关键作用主要体现在三方面。

其一，在巴黎气候大会前，中国通过积极开展元首气候外交，为谈判扫除了主要障碍，为《巴黎协定》的达成铺平了道路。2011 年《公约》第十七次缔约方大会在南非德班召开。会议决定建立“加强行动平台特设工作组”（以下简称“德班平台”），负责在《公约》下谈判制定一个适用于所有缔约方的议定书、法律文书或各方同意的具有法律效力的成果，由此正式启动《巴黎协定》的四年谈判历程。中国一直全程积极

① 解振华：《坚持积极应对气候变化战略定力 继续做全球生态文明建设的重要参与者、贡献者和引领者——纪念〈巴黎协定〉达成五周年》，《中国环境报》2020 年 12 月 14 日 02 版。

参与谈判。进入2014年，随着巴黎气候大会的日益临近，德班平台谈判节奏进一步加快。中国积极开展元首气候外交，与美国、法国等主要国家频频发表气候变化联合声明，就共区原则、透明度和盘点等谈判中的关键问题达成重要共识，向国际社会发出了非常积极的信号，相关表述最终成为《巴黎协定》谈判中各方达成共识的重要参考。

是否坚持共区原则及如何体现区别，贯穿了关于《巴黎协定》及其实施细则谈判的始终。经过反复艰苦谈判磋商，2014年11月，习近平主席与时任美国总统奥巴马发表了《中美气候变化联合声明》，明确提出2015年达成的协议要体现共同但有区别的责任和各自能力原则，考虑不同国情。两国元首宣布了中美各自2020年后行动目标，开启了各方“自下而上”自主决定行动目标的模式，带动了180多个缔约方在巴黎气候大会前提交了国家自主贡献，占全球排放量的90%以上。这是中美两个全球最大经济体和排放国首次发表元首层面气候变化联合声明，挽救了当时陷入僵局的利马气候大会，为巴黎气候大会的成功奠定了基础。时任联合国秘书长潘基文评价该声明为全球气候治理进程作出了“历史性”的贡献。

2015年9月，习近平主席与奥巴马总统第二次发表《中美元首气候变化联合声明》。中美联合声明为《巴黎协定》谈判涉及的共区原则、全球目标、减排、适应、资金、技术、透明度等关键难点问题找到了“着陆点”，为巴黎大会如期达成协议提供了政治解决方案。习近平主席在中美联合声明中宣布建立中国气候变化南南合作基金，计划于2017年启动全国碳排放交易体系，受到国际社会好评。

2015年11月，习近平主席在巴黎大会召开前夕与时任法国总统奥朗德发表《中法元首气候变化联合声明》。中法联合声明借鉴采用了中美联合声明相关表述，并在此基础上建立了每五年开展一次全球盘点以

为落实 2014 年 11 月习近平主席和奥巴马总统共同发表的《中美气候变化联合声明》，推进中美应对气候变化合作，第一届中美气候智慧型 / 低碳城市峰会于 2015 年 9 月在洛杉矶举行。

促进各方持续提高应对气候变化力度的机制，确保了《巴黎协定》实施的可持续性。中美、中法联合声明基本上框定了《巴黎协定》的核心内容。潘基文秘书长评价 2015 年中美、中法联合声明为巴黎气候大会成功作出了“基础性”的贡献。

此外，2015 年 5 月，中国与印度发表《中印气候变化联合声明》；2015 年 6 月，中国与欧盟发表《中欧气候变化联合声明》。中国与这些重要谈判方之间形成的理解和共识，对《巴黎协定》的最终达成起到了巨大的推动作用。

其二，在巴黎气候大会举行期间，中国将元首外交与具体谈判有机结合，坚持原则性和灵活性的统一，因势利导，积极引领谈判方向，在关键时刻发挥关键作用。

2015 年 11 月 30 日，习近平主席出席巴黎气候大会开幕式并发表主旨讲话，这是中国国家元首第一次出席《公约》缔约方大会。习近平主席在会上提出了“实现公约目标、引领绿色发展，凝聚全球力量、鼓励广泛参与，加大投入、强化行动保障，照顾各国国情、体现务实有效”的气候治理中国方案，号召各方创造一个“各尽所能、合作共赢，奉行法治、公平正义，包容互鉴、共同发展”的未来。习近平主席还同美国、法国、俄罗斯、巴西等国领导人及联合国秘书长举行会谈，做各主要国家领导人工作，达成相向而行、努力实现联合声明成果的共识，并在会议后期与奥巴马总统、奥朗德总统通电话，为确保如期达成协定提供政治推动力。

巴黎会议最后阶段谈判形势一度十分紧张，各方在减排相关条款表述上出现了分歧。中方研判了形势，从维护发展中国家根本利益出发，反复做个别国家的工作，帮助大会主席下决心复会，避免重开谈判，从政治上锁定了于发展中国家总体有利的成果。另外，会议工作团队将协定案文中“发达国家应当（should）承担绝对减排目标”误写为“发达国家必须（shall）承担绝对减排目标”，这意味着发达国家减排目标具有强制性法律约束力，美国表示无法接受。中方建议《公约》秘书处公开承担编辑错误，对案文作出技术性修改。个别发展中国家不同意此项修改，并提出其他修改意见。他们所提建议有合理之处，但有重开谈判的危险。时任联合国秘书长潘基文、美国国务卿克里、大会主席法国外长法比尤斯、《公约》秘书处执行秘书菲格里斯一起请中方出面帮忙做个别国家工作。中方反复三次做工作，最终使得协定得以顺利通过。

其三、在巴黎气候大会结束之后，中国继续开展元首气候外交，推动《巴黎协定》达成后的签约、生效和履约。

《巴黎协定》达成后，习近平主席与奥巴马总统于 2016 年初第三次发表联合声明，共同宣布 4 月 22 日中美双方在联合国《巴黎协定》开放签署日签署协定。此后，根据中方建议，9 月二十国集团杭州峰会期间，中美两国共同向潘基文秘书长交存参加《巴黎协定》的法律文书，并发表第四份气候变化共同文件。中美的联合行动带动了一大批国家签署和批准《巴黎协定》，使《巴黎协定》在不到一年时间里达成、签署和生效。时任联合国秘书长潘基文多次称赞中美合作为多边进程作出了基础性、历史性的突出贡献。

2017 年以来，全球气候治理进程因美国宣布退出《巴黎协定》而面临严峻挑战，国际社会目光聚焦中国。习近平主席很快多次在重要外交场合表明："《巴黎协定》符合全球发展大方向，成果来之不易，应当共同坚守，不能轻言放弃。这是我们对子孙后代必须担负的责任。""《巴黎协定》的达成是全球气候治理史上的里程碑，我们不能让这一成果付诸东流。各方要共同推动协定实施。中国将继续采取行动应对气候变化，百分之百承担自己的义务。"中国坚持《巴黎协定》、百分之百承担国际义务的积极立场和行动，给国际社会吃了"定心丸"。与此同时，中

2018 年 6 月 20 日，由中国、欧盟、加拿大共同发起的第二届气候行动部长级会议在布鲁塞尔召开。

国与欧盟、加拿大联合建立“气候行动部长级会议”机制，连续三年召开经济大国和各谈判集团主席国部长级会议，从政治和政策层面化解谈判中的主要分歧，推动多边进程。中国还与美欧等国的省州、城市、企业、非政府组织等非国家行为体保持密切合作，例如，2018 年中方代表解振华作为联合主席出席美国加州政府举办的全球气候行动峰会，动员全球社会各界支持绿色低碳转型。在中国等有关各方努力下，多边进程并未因美国宣布退出而停滞，并于 2018 年底如期达成《巴黎协定》实施细则，中国为维护多边主义作出了贡献。

上述分析充分展现了中国在《巴黎协定》谈判过程中的关键作用。另一种理解中国作用的方式是将巴黎气候大会前中国与主要国家签署的协议内容与《巴黎协定》的内容作一个比较，从中能清晰看到中国的作用和贡献（见表 3）。

三、进一步加大应对气候变化的力度

近年来，中国进一步加大应对气候变化的力度，力度之大前所未有，在国际上起到良好的示范引领作用。特别是中共十八大以来，在以习近平同志为核心的党中央坚强领导下，各地区各部门深入贯彻习近平生态文明思想，实施积极应对气候变化国家战略，在努力控制温室气体排放的同时主动开展适应行动，应对气候变化工作取得明显成效。

通过调整产业结构、优化能源结构、节能提高能效、推进碳市场建设、提升适应气候变化能力、增加森林碳汇等一系列措施，中国单位国内生产总值二氧化碳排放（以下简称“碳强度”）持续下降，基本扭转二氧化碳排放快速增长局面。截至 2019 年底，碳强度比 2015 年下降 18.2%，提前完成“十三五”（2016—2020 年）约束性目标任务；碳强

表 3： 中美、中法联合声明相关表述对《巴黎协定》重点条款的贡献

协定名称 重点条款	《巴黎协定》	中美联合声明	中法联合声明
一、《公约》下有法律约束力的协议、加强《公约》的实施	引言：作为《联合国气候变化框架公约》缔约方，按照《公约》缔约方会议第十七届会议第 1/CP.17 号决定建立的德班加强行动平台，为实现《公约》目标，并遵循其原则…… 第 2.1 条：本协定在加强《公约》，包括其目标的履行方面…… 《巴黎协定》第 1 段：决定达成……在《联合国气候变化框架公约》下的《巴黎协定》	二、中国国家主席习近平和美国总统巴拉克•奥巴马……将携手与其他国家一道努力，以便在 2015 年联合国巴黎气候大会上达成在《公约》下适用于所有缔约方的一项议定书、其他法律文书或具有法律效力的议定成果。（2014 年 11 月） 两国元首忆及关于达成一项在《公约》下适用于所有缔约方的议定书、其他法律文书或具有法律效力的议定成果的德班授权……达成一项富有雄心、圆满成功的巴黎成果……推进落实《公约》目标。（2015 年 9 月）	二、习近平主席和奥朗德总统忆及关于达成一项在《联合国气候变化框架公约》下适用于所有缔约方的议定书、其他法律文书或具有法律效力的议定成果的德班授权，坚定决心携手并与其他国家领导人一道努力，达成一项富有雄心、具有法律约束力的巴黎协议……
二、基本原则	引言：遵循其原则，包括公平、共同但有区别的责任和各自能力原则，考虑不同国情。 第 2.2 条：本协定的履行将体现公平以及共同但有区别的责任和各自能力的原则，考虑不同国情。	二、……双方致力于达成富有雄心的 2015 年协议，体现共同但有区别的责任和各自能力原则，考虑到各国不同国情。（2014 年 11 月） 三、两国元首重申致力于达成富有雄心的 2015 年协议，体现共同但有区别的责任和各自能力原则，考虑到不同国情。（2015 年 9 月）	二、……达成一项富有雄心、具有法律约束力的巴黎协议，以公平为基础并体现共同但有区别的责任和各自能力原则，考虑到不同国情，同时考虑 2℃以内全球温度目标。

三、长期目标	第 2.1(a) 条：（一）把全球平均气温升幅控制在工业化前水平以上低于 2℃之内，并努力将气温升幅限制在工业化前水平以上 1.5℃之内，同时认识到这将大大减少气候变化的风险和影响；	三、中美两国元首宣布了两国各自 2020 年后应对气候变化行动，认识到这些行动是向低碳经济转型长期努力的组成部分并考虑到 2℃全球温升目标。（2014 年 11 月）	二、……同时考虑 2℃以内全球温度目标。 四、……以符合强劲经济增长和公平社会发展及 2℃以内全球温度目标的节奏在本世纪内实现将全球经济转到低碳道路至关重要。
四、绿色低碳转型	第 2.1 条：本协定……旨在联系可持续发展和消除贫困的努力，加强对气候变化威胁的全球应对，包括： （一）（长期目标）；（二）……增强气候复原力和温室气体低排放发展；并（三）使资金流动符合温室气体低排放和气候适应型发展的路径。 第 4.19 条：所有缔约方应当努力拟定并通报长期温室气体低排。	六、双方认识到缔约方的减排努力是向绿色低碳经济转型所需长期努力的重要步骤……双方强调制定和公布考虑 2℃以内全球温度目标的本世纪中期低碳经济转型战略至关重要……双方还强调需要在本世纪内进行全球低碳转型。 九、双方还认识到重大技术进步在向绿色低碳、气候适应型和可持续发展转型中的关键作用。（2015 年 9 月）	三、巴黎协议必须发出全世界向绿色低碳、气候适应型和可持续发展转型的明确信号。 四、双方强调，以符合强劲经济增长和公平社会发展及 2℃以内全球温度目标的节奏在本世纪内实现将全球经济转到低碳道路至关重要……双方还强调了制定 2050 年国家低碳发展战略的重要性。

五、自主贡献和全要素	第3条：作为全球应对气候变化的国家自主贡献，所有缔约方将采取并通报第四条、第七条、第九条、第十条、第十一条和第十三条所界定的有力度的努力，以实现本协定第二条所述的目的…… 第4.2条：各缔约方应编制、通报并保持它计划实现的连续国家自主贡献……	三、今天，中美两国元首宣布了两国各自2020年后应对气候变化行动……美国计划于2025年实现在2005年基础上减排26%-28%的全经济范围减排目标并将努力减排28%。中国计划2030年左右二氧化碳排放达到峰值且将努力早日达峰，并计划到2030年非化石能源占一次能源消费比重提高到20%左右。(2014年11月)	六、中法双方强调有必要通过巴黎协议表明减缓和适应气候变化在政治上同等重要。 十三、双方同意巴黎协议应规定缔约方制定、通报、实施并定期更新国家自主决定贡献……
六、减缓	第4.4条：发达国家缔约方应当继续带头，努力实现全经济范围绝对减排目标。发展中国家缔约方应当继续加强它们的减缓努力，鼓励它们根据不同的国情，逐渐转向全经济范围减排或限排目标。	三、双方进一步认为应以恰当方式在协议相关要素中体现“有区别”。（2015年9月）	五、双方强调发达国家需要继续通过承担有力度的全经济范围绝对量化减排目标来发挥领导力，同时强调发展中国家在可持续发展框架下持续加强多样化减缓行动的重要性，包括视国情逐步转向全经济范围可量化减限排目标，通过恰当的激励和支持来实现相关目标。

七、适应	第 7.1 条：兹确立关于提高适应能力、加强复原力和减少对气候变化的脆弱性的全球适应目标，以促进可持续发展 ...... 第 7.2 条：适应是所有各方面临的全球挑战……是……气候变化长期全球应对措施的关键组成部分和促进因素，同时也要考虑到特别易受气候变化不利影响的发展中国家迫在眉睫的需要。 第 7.13 条：发展中国家缔约方……应得到持续和加强的国际支持。	七、强调适应的重要性。巴黎协议应更加重视和突出适应问题，包括认可适应是全球长期应对气候变化的关键组成部分，既要针对不可避免的气候变化影响做好准备，又要提高适应力。协议应鼓励缔约方在本国和国际层面打造适应力并减少脆弱性。协议应建立对适应问题的常态和高级别关注。（2015 年 9 月）	六、……巴黎协议需为有效加强适应能力作出贡献。双方强调制定和实施国家适应计划、将应对气候变化考虑纳入国家经济社会发展规划和活动、采取多样化适应行动和项目的重要性。 双方强调加强发展中国家适应计划和行动国际支持的重要性，同时考虑到那些特别脆弱国家的需要。 八、发达国家……特别是在适应方面向面对气候变化负面影响特别脆弱的发展中国家提供支持。

八、资金	第 9.1 条：发达国家缔约方应为协助发展中国家缔约方减缓和适应两方面提供资金，以便继续履行在《公约》下的现有义务。 第 9.2 条：鼓励其他缔约方自愿提供或继续提供这种支助。 第 9.3 条：发达国家缔约方应当继续带头，从各种大量来源、手段及渠道调动气候资金……考虑发展中国家缔约方的需要和优先事项。 巴黎决定第 53 段：又决定，根据《协定》第九条第 3 款，发达国家打算在有意义的减缓行动和实施的透明度框架内，将其现有的集体筹资目标持续到 2025 年；在 2025 年前……缔约方会议应在考虑到发展中国家的需要和优先事项的情况下，设定一个新的集体量化目标，每年最低 1000 亿美元……	八、……在有意义的减缓行动和具备实施透明度的背景下，发达国家承诺到 2020 年每年联合动员 1000 亿美元的目标，用以解决发展中国家的需要。该资金将来自各种不同来源，其中既有公共来源也有私营部门来源，既有双边来源也有多边来源，包括替代性资金来源。双方强调，2020 年后继续提供强有力的资金支持对于帮助发展中国家建设低碳和气候适应型社会至关重要。双方敦促发达国家继续向发展中国家提供支持，并鼓励其他愿意这样做的国家提供支持。（2015 年 9 月）	七、……确定一个清晰、可信的发达国家实现到 2020 年每年动员 1000 亿美元目标的路径至关重要。该资金来自各种不同来源，其中既有公共来源也有私营部门来源，既有双边来源也有多边来源，包括替代性资金来源，旨在支持发展中国家具有透明度的减缓和适应行动并提高发展中国家的能力…… 八、双方强调发达国家在 2020 年后继续为发展中国家有力度的减缓和适应行动提供强化的资金、技术和能力建设支持至关重要，特别是……向面对气候变化负面影响特别脆弱的发展中国家提供支持。其他愿意这样做的国家提供补充性支持应得到鼓励和认可。

九、技术	第 10.1 条：缔约方共有一个长期愿景，即必须充分落实技术开发和转让，以改善对气候变化的复原力和减少温室气体排放。 第 10.2 条：注意到技术对于执行本协定下的减缓和适应行动的重要性……应加强技术开发和转让方面的合作行动。 第 10.6 条：应向发展中国家缔约方提供支助……技术开发和转让……加强合作行动……	七、技术创新对于降低当前减排技术成本至关重要，这将带动新的零碳和低碳技术发明和推广，并增强各国减排的能力。（2014 年 11 月） 九、双方还认识到重大技术进步在向绿色低碳、气候适应型和可持续发展转型中的关键作用，并确认今后几年在各自国内和全球范围内大幅增加基础研发至关重要。（2015 年 9 月）	九、技术创新在应对减缓和适应气候变化、增长和发展、能源获取和能源安全等相互关联的挑战中具有关键作用。双方支持进一步加强现有技术机制，以合作开展技术开发和转让，包括通过联合研发、示范和其他活动。
十、透明度	第 13.1 条：为建立互信和信心并促进有效履行，兹设立一个关于行动和支助的强化透明度框架…… 第 13.2 条：透明度框架应为依能力需要灵活性的发展中国家缔约方提供灵活性…… 第 13.3 条：透明度框架应依托和加强在《公约》下设立的透明度安排……以促进性、非侵入性、非惩罚性和尊重国家主权的方式实施……	四、双方支持巴黎成果中包含有强化的透明度体系，以建立相互间的信任和信心，并包括通过恰当方式对行动和支持进行报告和审评以促进成果的有效实施。该体系应为依能力而需要灵活性的发展中国家提供灵活性。（2015 年 9 月）	十、中法双方强调巴黎协议中需要包含有强化的透明度体系，以建立相互间的信任和信心，并包括对行动和支持进行报告和审评以促进成果的有效实施。该体系应为依能力而需要灵活性的发展中国家提供灵活性。

十一、全球盘点	第 14.1 条：缔约方会议应定期盘点本协定的履行情况，以评估实现本协定宗旨和长期目标的集体进展情况（称为“全球盘点”）。盘点应以全面和促进性的方式开展，考虑减缓、适应以及执行手段和支助问题，并顾及公平和利用现有的最佳科学。 第 14.2 条：……应在 2023 年进行第一次全球盘点，此后每五年进行一次…… 第 14.3 条：全球盘点的结果应为缔约方以国家自主的方式根据本协定的有关规定更新和加强它们的行动和支助，以及加强气候行动的国际合作提供信息。 巴黎决定第 20 段：决定在 2018 年召开缔约方之间的促进性对话，以盘点缔约方在争取实现《协定》第 4.1 条所述长期目标方面的进展情况，并按照《协定》第 4.8 条为准备国家自主贡献提供信息。	三、……双方均计划继续努力并随时间而提高力度。（2014 年 11 月） 五、中美两国欢迎彼此及其他缔约方所通报国家自主贡献中提出的强化行动。（2015 年 9 月）	十一、双方同意巴黎协议应规定缔约方制定、通报、实施并定期更新国家自主决定贡献。双方支持每五年以全面的方式盘点实现经议定长期目标的总体进展。盘点的结果将为缔约方以国家自主决定的方式定期加强行动提供信息。 十二、中法双方强调有必要在巴黎通过一个关于 2020 年前加速落实减缓、适应和支持的工作计划，并在 2017 年或 2018 年开展一个促进性的对话以盘点已有进展并探索进一步加强 2020 年前行动和支持的可能性。

资料来源：根据解振华 2019 年 10 月 29 日在清华大学的演讲内容整理。

度较 2005 年降低约 48.1%，非化石能源占能源消费比重达 15.3%，均提前完成中国向国际社会承诺的 2020 年目标。自 2011 年起，中国在北京、天津、上海、重庆、湖北、广东、深圳等 7 个省（市）开展碳排放权交易试点。截至 2020 年 8 月底，试点碳市场累计配额现货成交量约 4.06 亿吨二氧化碳当量，成交额约 92.8 亿元。[①] 经过全社会努力，超额完成对外承诺的 2020 年应对气候变化行动目标。中国强有力的国内减排行动为全球应对气候变化作出了表率。

2020 年 9 月，习近平主席在第 75 届联合国大会一般性辩论中发言，作出了“二氧化碳排放力争于 2030 年前达到峰值，努力争取 2060 年前实现碳中和”的承诺。从碳排放达到峰值到碳中和（净零排放），欧盟大体需要 60 年左右时间，美国需要 45 年，而作为发展中国家的中国则要力争 30 年实现。在 2020 年 12 月举行的纪念《巴黎协定》达成五周年气候雄心峰会上，习近平主席进一步宣布了中国 2030 年提高力度的国家自主贡献目标及举措：“到 2030 年，中国单位国内生产总值二氧化碳排放将比 2005 年下降 65% 以上，非化石能源占一次能源消费比重将达到 25% 左右，森林蓄积量将比 2005 年增加 60 亿立方米，风电、太阳能发电总装机容量将达到 12 亿千瓦以上”。习近平主席作出的强有力宣示，描绘了中国未来实现绿色低碳高质量发展的蓝图，为落实《巴黎协定》、推进全球气候治理进程和疫情后绿色复苏注入了强大政治推动力，得到国际社会广泛赞誉。有关各方认为，习近平主席宣示中国应对气候变化中长期目标是伟大壮举，既带动日本、韩国宣布碳中和目标，也推动欧盟进一步提高减排力度，更是激励美国重返《巴黎协定》的重要因素。习近平主席 2020 年两

① 孙金龙、黄润秋：《坚决贯彻落实习近平总书记重要宣示 以更大力度推进应对气候变化工作》，《光明日报》2020 年 9 月 30 日 07 版。

中国可再生能源开发利用规模居世界第一。截至 2020 年底，全国可再生能源发电装机总规模达到 9.3 亿千瓦，占总装机的比重达到 42.4%，较 2012 年增长 14.6 个百分点。图为青海省新能源光伏基地。

次对外宣布的目标，体现了中国应对气候变化的力度和雄心。

与 2015 年发布的 2030 年国家自主贡献目标相比，中国碳强度下降目标从“60%—65%”提高到“65% 以上”，非化石能源比重目标从“20% 左右”提高到“25% 左右”，森林蓄积量增加目标从“45 亿立方米”提高到“60 亿立方米”，特别是碳达峰时间从“2030 年左右”变为“2030 年前”，一字之差，反映出的是一场深刻的变革、转型和创新。根据新宣布的目标，仅中国到 2030 年的风电、太阳能装机容量，就相当于美国全国的发电装机总量。

四、积极推动气候变化南南合作，加大中国对外气候援助

中国在气候变化领域对发展中国家的援助始于 2007 年。2011 年以

来，中国政府累计安排10.65亿元人民币用于开展气候变化南南合作，已与31个发展中国家签署35个合作备忘录，举办40余期能力建设培训班，为120多个国家培训了2000余名气候变化官员和技术人员，向24个国家捐赠了节能和可再生能源及提高预警能力的产品和设备。2015年9月，习近平主席在访美时宣布，中国将设立200亿元的中国气候变化南南合作基金。在巴黎气候大会上，习近平主席进一步承诺，中国将于2016年启动气候变化南南合作"十百千"项目，即在发展中国家开展10个低碳示范区、100个减缓和适应气候变化项目及1000个应对气候变化培训名额的合作项目。气候变化南南合作基金的建立，对于中国加强与广大发展中国家的合作和展示中国负责任大国形象具有重要意义。

五、中国的引领作用受到国际社会的普遍认可

在国际认可度方面，巴黎气候大会结束之后，美国总统奥巴马和法国总统奥朗德分别给习近平主席打电话，感谢中方为推动巴黎大会取得成功发挥的重要作用，强调如果没有中方的支持和参与，《巴黎协定》不可能达成。联合国秘书长潘基文发表谈话，高度评价中国所发挥的独特作用。西方主流媒体对中国在巴黎气候大会上的表现普遍给予积极正面评价，不少评论称中国展现了"全球领导力"。这与2009年哥本哈根气候大会之后西方主流媒体纷纷指责甚至抹黑中国的做法形成鲜明对比。

世界气象组织负责人塔拉斯表示，20年前，中国还没有成为气象领域的主要参与者；而现在，中国已经成为领先国家之一，并在全球气象

技能教育培训方面作出重要贡献。[①] 联合国秘书长气候行动特别顾问、助理秘书长哈特高度评价中方宣布新的应对气候变化目标，表示中方重大举措令世界十分振奋，中方展现的重要领导力为国际社会交口称赞。[②]

2017 年 1 月 18 日，习近平主席在瑞士日内瓦万国宫会见第 71 届联合国大会主席汤姆森和联合国秘书长古特雷斯。古特雷斯强调，长期以来，中国在应对气候变化、减贫、可持续发展、预防性外交、维和等领域发挥了积极领导作用。截至 2020 年 9 月，古特雷斯在与习近平的 8 次会见中，5 次高度评价中国在应对气候变化国际合作中所发挥的重要作用、领导作用和表率作用。[③]

综上所述，中国自《巴黎协定》达成以来，在全球气候治理中所扮演的积极引领者的角色越来越突显。30 年来，中国参与国际气候变化谈判进程完成了华丽转身：从将气候变化视作发达国家阻碍中国发展的“阴谋”到化气候变化挑战为绿色低碳转型机遇；从参加国际谈判以争取发展空间为主要目标，到以统筹国内国际两个大局、内促高质量发展、外树负责任大国形象、构建人类命运共同体为目的。[④]

① 《WMO 秘书长：中国在应对气候变化和促进多边主义方面发挥关键作用》，中国气象局网站 2020 年 9 月 25 日，http://www.cma.gov.cn/2011xwzx/2011xqxxw/2011xqxyw/202009/t20200925_563951.html。

② 《张军大使会见联合国秘书长气候行动特别顾问哈特》，外交部网站 2020 年 10 月 12 日，https://www.fmprc.gov.cn/ce/ceun/chn/czthd/t1823465.htm。

③ 《习近平与古特雷斯的八次会见和一次通话都谈了这些大事》，新华网客户端 2020 年 9 月 26 日，https://baijiahao.baidu.com/s?id=1678896455017685067&wfr=spider&for=pc。

④ 2020 年 6 月 16 日张海滨对解振华特使的采访。

第四章
各尽所能，做好自己：中国应对气候变化的国内行动

为实现中国特色社会主义现代化目标和“两个一百年”奋斗目标，为保护好人类赖以生存的地球家园，中国致力于建立健全绿色低碳循环发展的经济体系，构建清洁低碳、安全高效的能源体系，倡导简约适度、绿色低碳的生活方式，加快培育绿色低碳的增长新动能，助力提升发展质量，积极落实减排承诺，更有效地应对气候变化。

进入“十三五”时期（2016—2020年），尤其是中共十九大召开以来，中国应对气候变化的规划和行动呈现出许多“新时代”的新特色。从方案的内容和特征角度看，在应对气候变化事业上，中国的愿景更加美好、目标更加进取、设计更为科学、施策更为广泛、行动更加有力。具体来说，体现在三个大的方面：第一，制度层面，强化顶层设计，重点加强控温，促进政策协同，更加重视软件建设及其创新；第二，技术层面，在政策的引导下锐意创新，为全经济系统低碳、绿色转型提供优化方案和技术支持；第三，社会层面，在政府引导下，大力鼓励多元主体参与，以夯实、扩大应对气候变化的地方基础、群众基础、观念基础和行动基础。

早在 2014 年，习近平主席在德国科尔博基金会的演讲中就首次谈到中国要为解决全球问题提供“中国方案”，强调“我们将从世界和平与发展的大义出发，贡献处理当代国际关系的中国智慧，贡献完善全球治理的中国方案，为人类社会应对 21 世纪的各种挑战作出自己的贡献”。2015 年以来，随着全球气候治理格局的逐渐演变，国际社会对中国的期待、中国民众对政府的期待都不断增强，提炼“应对气候变化中国国家方案”的必要性、迫切性日渐增强。

与此同时，中国也的确具备了理论化提炼“国家方案”的现实基础。这主要是因为，从直接结果和间接效果上看，中国应对气候变化的政策体系、实践体系至少满足了以下三项要求。

第一，符合现实国情又能满足国际应对气候变化的高线要求。中国在降低单位能耗和单位 GDP 二氧化碳排放等方面设定的目标，以扎实的国情分析和严格的科学论证为基础，而中国为达到这些目标所付出的努力、产出的效益是世界所瞩目的。[①]

第二，既能保证国内可持续增长又有助于兑现国际承诺。按照当前中国的控温、减排等政策设计，尤其是能源革命、提高能效方面的工作安排，强化节能和能源替代将促使单位 GDP 的二氧化碳排放呈持续快速下降趋势，确保国家自主贡献目标（NDC_S）的实现。[②]

第三，不仅有正向的自动溢出效应还能产生积极的国际示范作用。2015 年以来，中国以可再生能源发展、碳排放权交易等为特点的低碳发展不仅取得了可喜的成绩，还使得国内低碳发展的效应外溢到了国外。[③]

---

① 何建坤：《全球气候治理形势与我国低碳发展对策》，《中国地质大学学报（社会科学版）》2017 年第 5 期，第 1—9 页。

② 何建坤：《〈巴黎协定〉后全球气候治理的形势与中国的引领作用》，《中国环境管理》2018 年第 1 期，第 9—13 页。

③ 王文涛、滕飞等：《中国应对全球气候治理的绿色发展战略新思考》，《中国人口·资源与环境》2018 年第 7 期，第 1—6 页。

应对气候变化的中国国家方案，有“十一五”（2006—2010 年）以来的经验积累、“十二五”（2011—2015 年）打下的坚实基础，更是对进入“十三五”以来（尤其是中共十九大之后）中国气候治理新进展、新突破的凝练总结。考虑到低碳发展将是中国参与全球气候治理和解决国内资源环境问题的重要路径和根本出路，“中国方案”的基本思路应是讲好“低碳发展”与“绿色减碳”的双赢故事，聚焦于应对气候变化的制度、政策设计，应对气候变化的技术方案，以及应对气候变化的国内社会行动。具体来说，包括应对气候变化的战略规划和制度建设，减缓气候变化的政策实践，适应气候变化的政策实践，包括核算体系建设、科技进展、人才培养在内的基础能力建设，以及包括示范 / 试点与各行各业、地方政府、社会公众行动在内的社会响应（见图 3）。

图3 应对气候变化的中国国家方案

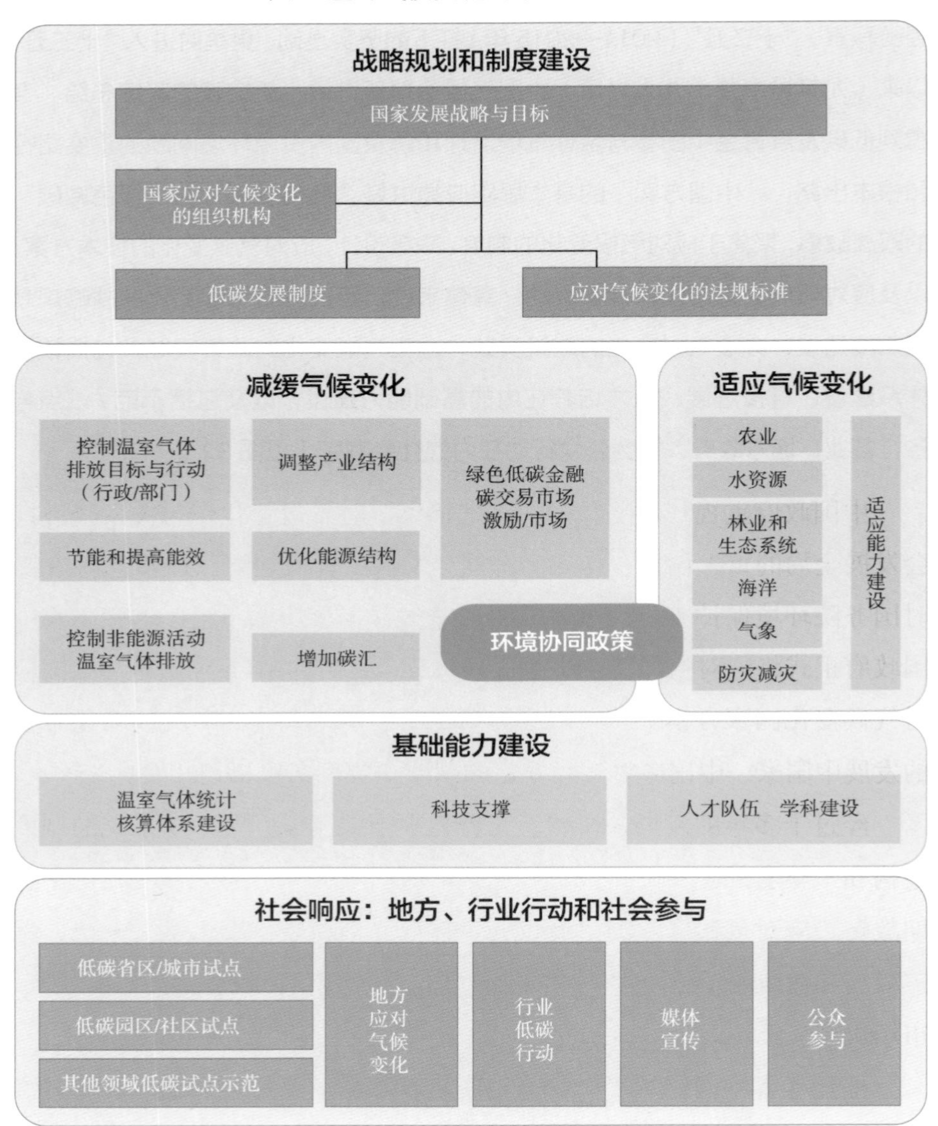

资料来源：作者整理。相关材料包括《中国应对气候变化国家方案》、《中国应对气候变化的政策与行动》历年报告、《中华人民共和国气候变化第一次两年更新报告》。

第一节
中国应对气候变化的制度和政策设计

中国政府重视气候变化问题，把积极应对气候变化作为关系经济社会发展全局的重大议题，纳入经济社会发展中长期规划。1990 年，在当时国务院环境保护委员会下设立了国家气候变化协调小组，这标志着中国政府正式将应对气候变化提上工作日程。2007 年国务院颁布《中国应对气候变化国家方案》，中国成为第一个制定并实施应对气候变化方案的发展中国家，中国应对气候变化的制度和政策构建正式开始。

经过十多年的发展、调整、完善，中国逐渐确立了一个系统的制度架构和一整套的配套政策。具体包括：国家发展和应对气候变化的中长期战略，应对气候变化的组织机构，低碳发展中观战略，相关立法，覆盖减缓和适应两个领域的气候变化政策以及相应的国家规划、产业政策、市场机制、经济激励以及其他的配套性、支持性软件政策。

综合考察中国应对气候变化制度与政策的演化历程和现状，可以发现四个宏观特点。第一，中国重视应对气候变化制度的顶层设计；第二，致力于有重点、有创新地全面强化减碳工作，并越来越突出重点，越来越重视创新驱动；第三，逐渐加强部门间的政策协同，并开始尝试以减缓、

图 4 中国应对气候变化工作的顶层设计与中观规划：基本依据和主要路径

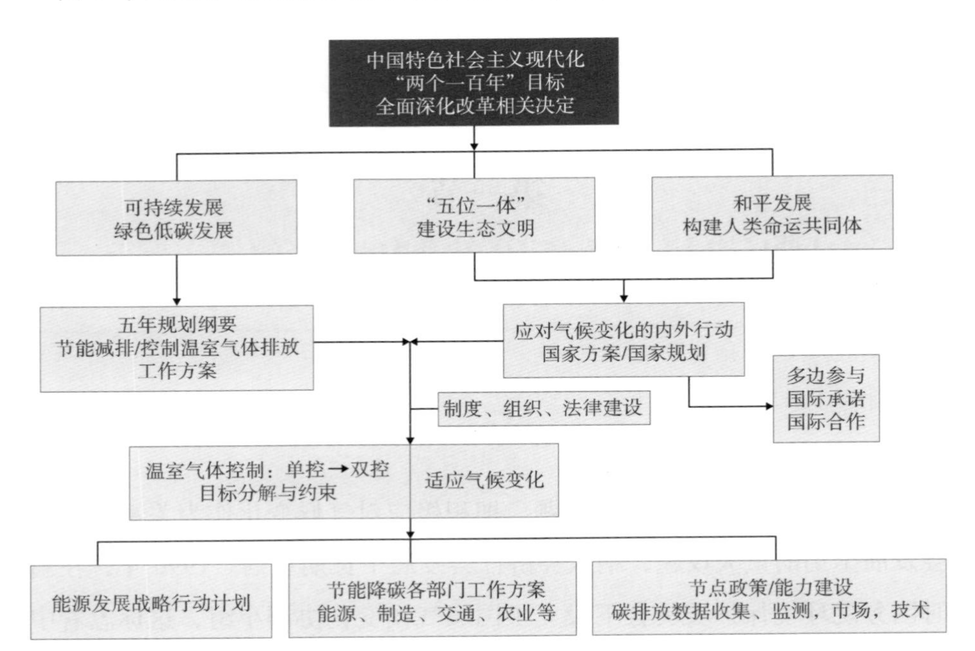

资料来源：作者整理。

适应气候变化的目标任务和政策机制倒逼国家治理体系的优化；第四，不断提高对软件建设的重视程度，愈发重视挖掘、发挥市场和资本的潜力和作用（见图 4）。

一、重视应对气候变化制度的顶层设计

中国主要通过三条路径加强应对气候变化的顶层设计：第一，将应对气候变化融入国家宏观战略，提出一套系统、连贯、衔接得当、相得益彰的战略、规划、政策、方案、意见；第二，优化应对气候变化的政府组织结构，加强宏观把控和部际协调，优化对口部门职能；第三，完

善应对气候变化的相关立法和标准体系。通过顶层设计，一方面保障应对气候变化的总目标、具体指标符合中国基本国情和国民经济社会发展现状，可操作、可落实；另一方面，又能保障气候变化目标任务、工作安排的进取性，使其发挥一定的倒逼甚至引擎作用。

（一）将应对气候变化融入国家发展战略规划

中国立足于基本国情和国民经济与社会的发展阶段认知，从基本国策、发展规划的角度，把应对气候变化融入国家经济社会发展的中长期规划和统筹国内国际发展大局之中，把绿色循环低碳发展作为生态文明建设的基本途径，坚持减缓和适应气候变化并重，并由能源、制造、交通和其他行业的部门政策作为支撑和实施路径，以技术能力、市场建设等方面的不断突破、完善为保障。

自 2007 年 5 月 23 日、6 月 3 日国务院分别下达《关于印发节能减排综合性工作方案的通知（国发〔2007〕15 号）》和《关于印发中国应对气候变化国家方案的通知（国发〔2007〕17 号）》以来，截至 2018 年 11 月，中央层面共出台 362 份相关文件。

根据对应对气候变化文件数量的初步统计和分析，可以发现，中国气候政策大体经历了三个演化阶段，基本上都与国家发展的五年规划、经济社会发展的国内外环境转变、发展机遇的变化密切相关。

第一阶段从 2007 年至 2010 年，与中国国民经济与社会建设的第十一个五年规划（“十一五”，2006—2010 年）基本重合，是中国被动应对国际舆论，开始在国内探索低碳发展、应对气候变化的阶段。

2006 年，“十一五”规划纲要把建设资源节约型、环境友好型社会作为一项重大的战略任务，提出了 2010 年单位国内生产总值能耗（能源强度）比 2005 年下降 20% 左右的约束性指标。2007 年 6 月 21 日，

图 5 中国应对气候变化相关文件数量变化（2007—2018 年）

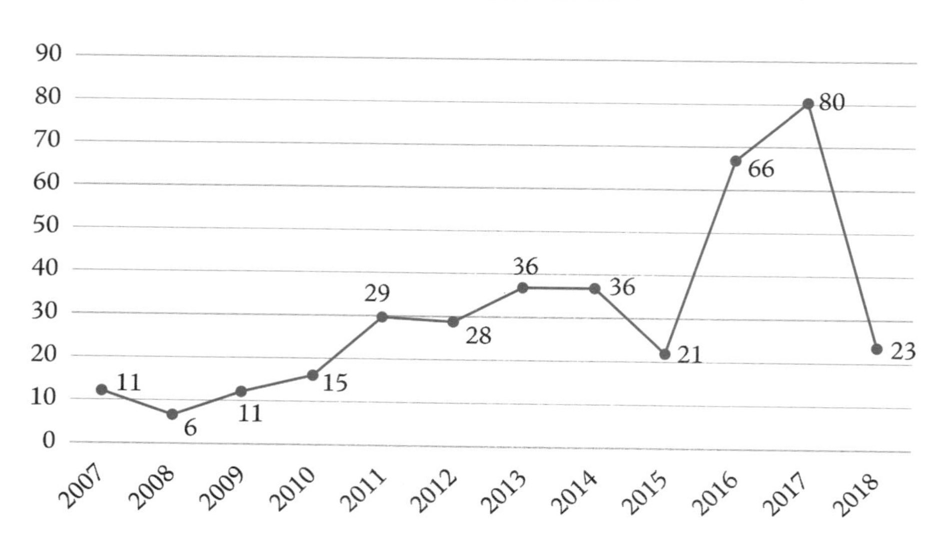

注：包括以“气候变化”“低碳”为关键词检索到的政策文件和行政法规、部门规章。政策文件数据来源于中国政府网，http://www.gov.cn/zhengce/xxgkzl.htm；行政法规、部门规章数据来源于北大法宝，http://www.pkulaw.cn/cluster_call_form.aspx?menu_ item=law&EncodingName=&key_word=，2018 年 11 月 13 日查询。

作为履行《公约》义务的重要举措，中国正式颁布实施了《中国应对气候变化国家方案》，重申了 2010 年能源强度控制目标，并要求相应地减缓二氧化碳排放。这是中国第一部应对气候变化的全面性政策文件。

为贯彻落实“十一五”规划纲要和《中国应对气候变化国家方案》，国务院于 2007 年 11 月印发了《环境保护“十一五”规划》，特别指出，“应对气候变化形势严峻，任务艰巨。发达国家上百年工业化过程中分阶段出现的环境问题，在我国已经集中显现”，要求通过节能、优化能源消费结构、控制工业温室气体排放和甲烷排放增速等方式控制温室气体排放，并将全球气候变化影响的适应技术与对策列为“十一五”环境科技创新的优先领域。[①]这说明中国政府认识到了加强应对气候变化有利于经济、政治、文化和社会的健康发展。

在提出能源强度控制目标的基础上，2009 年，中国在哥本哈根气候大会上承诺确定了到 2020 年单位国内生产总值二氧化碳排放（碳强度）比 2005 年下降 40%—45% 的行动目标，并将其作为约束性指标纳入国民经济和社会发展中长期规划。这是中国向国际社会作出的郑重承诺，也是中国对全球应对气候变化的重大贡献。

为完成上述目标任务，中国在“十一五”期间采取了一系列减缓和适应气候变化的重大政策措施，包括调整产业结构和能源结构、节约能源提高能效、增加碳汇，提高重点领域适应气候变化的能力，以减轻气候变化对农业、水资源和公众健康等的不利影响。其中，仅节能一项就减少了二氧化碳排放 14.6 亿吨。这一阶段的政策主要是明确领导职责和相关部门职能，先后涉及科技部、发展改革委、外交部、林业局、农业部及农业综合开发办公室、气象局、海洋局、住房和城乡建设部。这对于提升国家治理机构应对气候变化认识十分重要，初步建构起应对气候变化的机制框架和政策体系。

第二阶段从 2011 年至 2015 年，与“十二五”重叠。在这个阶段，气候变化议题正式进入中国政策的顶层设计，成为国民经济和社会发展中长期规划的重要内容。[②]

2011 年 3 月出台的《中华人民共和国国民经济和社会发展第十二个

① 《国务院关于印发国家环境保护“十一五”规划的通知》，中国政府网 2007 年 11 月 26 日，http://www.gov.cn/zwgk/2007-11/26/content_815498.htm。

② 《中国应对气候变化的政策与行动（2011）》白皮书，国务院新闻办公室网站 2011 年 11 月 22 日，http://www.scio.gov.cn/zfbps/ndhf/2011/Document/1052760/1052760.htm。

五年规划纲要》确立了其后五年绿色、低碳发展的政策导向，明确了应对气候变化的目标任务，使中国应对气候变化的政策上了一个量级。①

中国政府不仅专门出台了《“十二五”控制温室气体排放工作方案》《节能减排“十二五”规划》，明确了到 2015 年中国控制温室气体排放的总体要求和主要目标，提出了推进低碳发展的重点任务和主要措施，还将碳强度控制目标（2015 年比 2010 年下降 17%）作为约束性指标纳入经济发展规划。这标志着低碳发展成为中国经济社会发展中至关重要的内容之一。②

2012 年 11 月，中共十八大召开，实现了中国加强、完善应对气候变化重大战略研究和顶层设计的关键转折。十八大以来，中国政府不仅完善了应对气候变化的管理体制和工作机制，更显著提高了应对气候变化在国民经济社会发展中的战略地位。首先，在管理体制和工作机制方面，完善了领导机构，建立了碳强度下降目标责任制。其次，加强研究和规划的编制，强力推进 2012 年 6 月由国家发展改革委会同有关部门启动的“中国低碳发展宏观战略”项目，从总体思路、能源低碳发展、2050 年温室气体减排路线、低碳发展财税政策等多个方面系统研究中国 2020 年、2030 年和 2050 年的低碳发展与应对气候变化总目标、阶段任务、实现途径和保障措施，为中国下一步确定发展路线图打下坚实基础。再次，推动气候变化立法，国家发展改革委、全国人大环资委、全国人大法工委、国务院法制办和有关部门联合成立了应对气候变化法律起草工作领导小组，加快推进应对气候变化法律草案起草工作。最后，完善了

① 《中国应对气候变化的政策与行动（2011）》白皮书，国务院新闻办公室网站 2011 年 11 月 22 日，http://www.scio.gov.cn/zfbps/ndhf/2011/Document/1052760/1052760.htm。

② 张希良、齐晔主编：《低碳发展蓝皮书：中国低碳发展报告（2017）》，北京：社会科学文献出版社，2017 年，第 13 页。

相关政策体系，为落实国务院2012年颁发的《“十二五”控制温室气体排放工作方案》，专门出台了《部门分工》和一系列应对气候变化相关政策性文件，包括《工业领域应对气候变化行动方案（2012—2020年）》《“十二五”国家应对气候变化科技发展专项规划》《低碳产品认证管理暂行办法》《能源发展“十二五”规划》《“十二五”节能环保产业发展规划》《关于加快发展节能环保产业的意见》《工业节能“十二五”规划》《2013年工业节能与绿色发展专项行动实施方案》《绿色建筑行动方案》《全国生态保护“十二五”规划》等。[①]

2013年中共十八届三中全会召开，通过了《关于全面深化改革若干重大问题的决定》，从政府顶层的高度确认了中国经济社会发生的根本变化。在此背景下，国务院颁布了《关于印发循环经济发展战略及近期行动计划的通知》。这份文件的编制历时两年多，内容与低碳发展战略相近，是中国首部国家级循环经济发展战略及专项规划，以建设循环型社会为总目标提出中长期目标和近期具体指标，此外，具体提出了18项主要目标和涉及第一、第二、第三产业的80个量化循环经济具体指标，对推进循环发展作出了总体部署和安排。

国家发展改革委也在2013年组织完成了《国家应对气候变化规划（2013—2010年）》，并于2014年9月正式发布了《国家应对气候变化规划（2014—2020年）》。大多数省（直辖市、自治区）作出响应，发布了省级应对气候变化专项规划，推动将应对气候变化内容纳入国民经济发展规划。《中国低碳发展宏观战略总体思路》《中国低碳发展宏观战略总报告》等专题研究报告则为国内深入推进低碳发展提供了重要智力支撑。

① 《中国应对气候变化的政策与行动2013年度报告》，国家应对气候变化战略研究和国际合作中心网站，http://www.ncsc.org.cn/yjcg/cbw/201311/W020180920484676459416.pdf。

在适应气候变化方面，2014 年，由国家发展改革委、财政部、住房和城乡建设部、交通运输部等 9 部门联合制定、颁布了《国家适应气候变化战略》，正式将适应气候变化提到了国家战略的高度。

总体而言，这个阶段中国应对气候变化的制度体制加速健全，政策体系逐步丰满，总体框架初步形成，政策布局站位较高、政策密度较大、政策细致程度也有所提高，使得自上而下的政策不仅有明确方向，更有了较大的操作空间和创新动力。由于政策体系日趋完善，更加全面、科学，并且落实有效，在中国经济发展“新常态”的驱动下，中国的能源消费和碳排放增长在 2013 年之后呈现出增长减缓的态势，扭转了“十一五”时期快速增长的势头。2015 年，在经济仍保持中速增长的情况下，碳排放总量首次下降，这是中国低碳发展进程中的重要转折点，意味着中国低碳发展进入了一个全新的时期，碳排放与经济发展基本脱钩。①

第三个阶段始自 2015 年。虽然在 2015 年年内，应对气候变化的工作重点主要在对外方面，国内政策出台较少，但经济新常态、国际气候治理体制变革，以及中国与多个大国深化气候变化合作关系，都将中国应对气候变化的国内工作引入一个立足更高远、目标更进取、布局更完备的新阶段。

中国在巴黎气候大会上提出了中长期应对气候变化目标，尤其是减排目标，并作出了碳排放到 2030 年前后达峰并尽可能早达峰、提高非化石能源消费比重至 20% 的自主贡献承诺（NDC_S）。这是首个发展中国家向国际社会承诺限期达到温室气体排放峰值。2016 年，国务院印发《“十三五”控制温室气体排放工作方案》，进一步明确了中国在“十三五”

① 张希良、齐晔主编：《低碳发展蓝皮书：中国低碳发展报告（2017）》，北京：社会科学文献出版社，2017 年。

图 6 中国应对气候变化的目标与方案

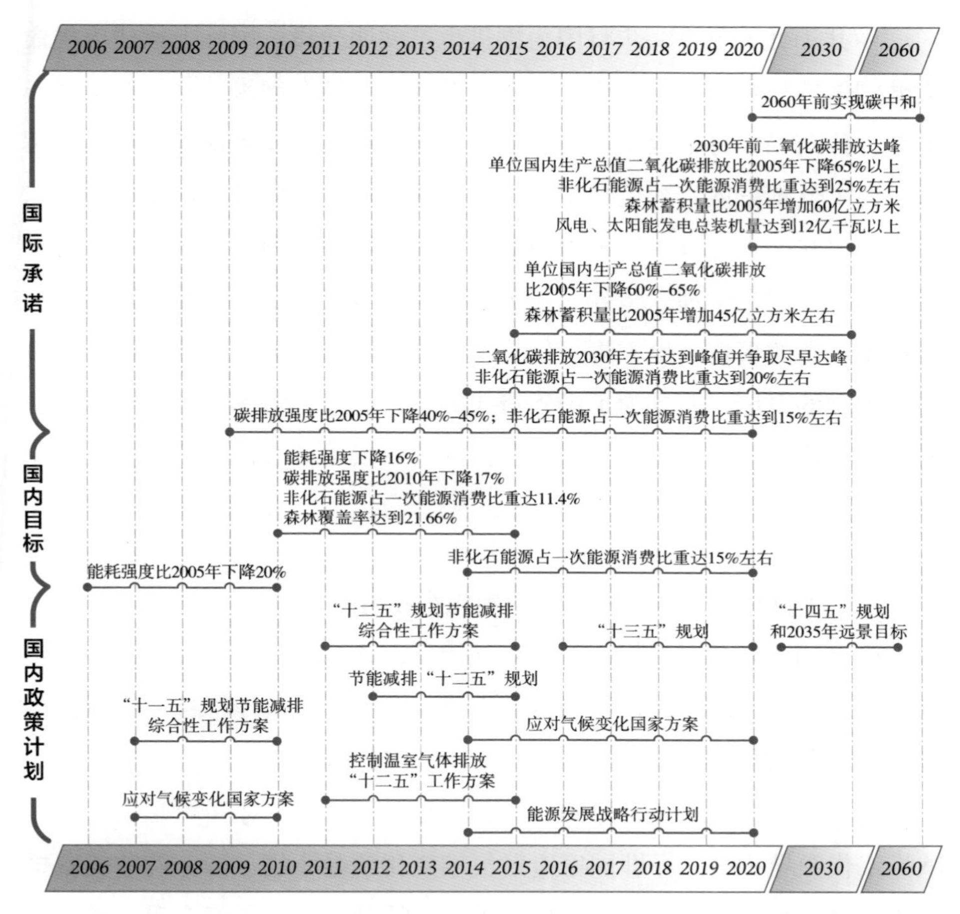

资料来源：作者根据 WRI 报告修改补充。Ranping Song, Jingjing Zhu, et. al., “Assessing Implementation of China’s Climate Policies in the 12th 5-Year Period,” Working paper of World Resources Institute, https://www.wri.org/publication/assessing-implementation-chinas-climate-policies-12th-5-year-period.

末期的控温目标，“到 2020 年，单位国内生产总值二氧化碳排放比 2015 年下降 18%，碳排放总量得到有效控制”。从强度“单控”（能源强度或碳强度）到强度与总量“双控”（能源消耗总量或碳排放总量），意味着中国应对气候变化的减缓工作进入力度更强的新阶段。

中共十九大更进一步将国内推进生态文明建设、国际上构建人类命运共同体的战略目标与低碳、绿色、循环发展结合起来，对气候治理作出全方位布局，将中国国内发展议程与全球可持续发展议程高度吻合起来，突出低碳发展、绿色转型和气候治理。从此，应对气候变化的国内工作不仅在“十二五”以来国内低碳发展、经济转型的快车道上推进，更有了系统的哲学理念指导。积极有效地应对气候变化不再是国际社会迫使中国做的事情，也不再仅仅是中国迫于国内环境资源生态的压力不得不去做的事情，而是为了民族奋斗的目标、人民的幸福、人类命运共同体的构建、清洁美丽和生态安全世界的建设而诚心诚意、自愿主动要去推动和落实的事情。

（二）优化应对气候变化的政府组织结构

中央和地方政府都建立了应对气候变化领导小组或跨部门的协调机制，通过法律、行政、技术等多种手段，全力、扎实地推进节能减排等应对气候变化的各项工作。

其中，最为关键的是 2007 年 6 月成立的国家应对气候变化及节能减排工作领导小组，亦即国家应对气候变化领导小组、国务院节能减排工作领导小组（一个机构、两块牌子）。领导小组是国家应对气候变化的节能减排工作的议事协调机构，由国务院总理担任组长，负责研究制定国家应对气候变化的重大战略、方针和对策，统一部署应对气候变化的工作；研究和审议国际合作和谈判对案；审议、发布节能减排综合性工作方案，组织落实国务院有关节能减排的政策。自成立以来，领导小组确立了强化目标责任、调整产业结构、实施重点工程、推动技术进步、强化政策激励、加强监督管理、开展全民行动等一系列原则。

2008 年推行机构改革，进一步加强了对应对气候变化工作的领导，国家应对气候变化领导小组的成员单位由原来的 18 个扩大到 20 个。领导小组办公室设在国家发展改革委，并在国家发展改革委专门设立了应对气候变化司，专门负责全国应对气候变化工作的组织协调。其主要职责是：综合分析气候变化对经济社会发展的影响，组织拟订应对气候变化重大战略、规划和重大政策；牵头承担国家履行《公约》相关工作，会同有关方面牵头组织参加气候变化国际谈判工作；协调开展应对气候变化国际合作和能力建设；组织实施清洁发展机制工作；承担国家应对气候变化领导小组有关具体工作。

为适应加强能源统计和应对气候变化的工作需要，国家统计局于 2008 年新设立了能源统计司，负责组织实施能源统计调查，统计监测全国及各地区主要耗能行业和重点耗能企业能源使用、节约以及资源循环利用的状况，并负责指导全国能源统计指标体系、调查体系和监测体系建设，以建立、健全、完善能源统计、评估和考核体系。此外，工业和信息化部设立了节能与综合利用司，专门负责工业和通信领域的节能减排与应对气候变化工作。

2009 年 8 月，国务院召开常务会议，听取并审议了国家发展改革委关于应对气候变化工作情况的报告。随后，人大常委会专门听取和审议国务院报告，通过了《全国人民代表大会常务委员会关于积极应对气候变化的决议》。至此，中国形成了由人大统筹监督、国家应对气候变化领导小组统一领导、国家发展改革委归口管理、各有关部门分工负责、各地方各行业广泛参与的国家应对气候变化工作机制。[①]

---

① 《中国应对气候变化的政策与行动 2009 年度报告》，国家应对气候变化战略研究和国际合作中心网站，http://www.ncsc.org.cn/yjcg/cbw/201307/t20130701_609687.shtml。

各省市层面也在不断完善应对气候变化、推进低碳发展的研究机构和专业研究体系，并按照中央政府的要求，成立由地方政府主要领导任组长、有关部门参加的地方应对气候变化领导小组。截至 2017 年，全国共有 30 个地区成立了省级应对气候变化领导小组，北京、新疆等 29 个地区在省（区、市）发展改革委专门增设了应对气候变化处 / 办公室，或加挂了应对气候变化的牌子，北京、浙江、广东等 14 个地区单独成立或依托高校、研究机构和相关事业单位设立了应对气候变化支撑机构。

2018 年，中共十九届三中全会审议通过了《中共中央关于深化党和国家机构改革的决定》《深化党和国家机构改革方案》，启动了新一轮党和国家机构的改革，依照优化协同高效的原则，朝着符合实际、科学合理、更有效率的方向，打造国家治理体制“新生态”。[①] 通过部门职能的分界、组合、调整、优化，组建了自然资源部、生态环境部、农业农村部、国家卫生健康委员会、应急管理部、科学技术部、司法部、国家林业和草原局等部门，捋顺了问题、治理任务与对口部门职能、权责之间的关系。

其中，组建自然资源部和生态环境部被认为是重塑中国生态环境治理的顶层设计，有利于从结构上、组织上、行动力上保障进一步深化和优化中国环境保护、生态文明建设和应对气候变化的工作。

新的生态环境部吸纳了原先环境保护部的全部职能、原属国家发展改革委的气候变化和减排职能，以及另外 5 个部门的环境保护职能。2018 年 10 月，生态环境部成立了应对气候变化司，负责应对气候变化和温室气体减排工作，综合分析气候变化对经济社会发展的影响，组织实施积极应对气候变化国家战略，牵头拟订并协调实施中国控制温室气体排放、推进绿色低碳发展、适应气候变化的重大目标、政策、规划、

---

① 《关于国务院机构改革方案的说明》，新华网 2018 年 3 月 14 日，http://www.xinhuanet.com/politics/2018lh/2018-03/14/c_1122533011.htm。

图 7 中国应对气候变化综合协调机构示意图

国家应对气候化及节能减排工作领导小组组成单位			
外交部	国家发展改革委	教育部	科技部
工业和信息化部	民政部	司法部	财政部
自然资源部	生态环境部	住房和城乡建设部	交通运输部
水利部	农业农村部	商务部	文化和旅游部
卫生健康委	人民银行	国资委	税务总局
市场监管总局	统计局	国际发展合作署	国务院机关事务管理局
中科院	气象局	能源局	林草局
铁路局	民航局		
领导小组各成员单位主管其所属行业			
各成员单位应对气候变化工作的部门			
省级应对气候变化和节能减排工作领导小组			
省级应对气候变化工作主管部门与常设机构			
省级应对气候变化处			
科研机构和智库		行会和企业	

资料来源：作者根据《国务院办公厅关于调整国家应对气候变化及节能减排工作领导小组组成人员的通知》（国办发〔2018〕66 号，2018 年 7 月）和《中华人民共和国气候变化第二次两年更新报告》（2018 年 12 月）整理。

制度，包括能力建设、科研宣传、清洁发展机制、全国碳排放权交易市场和管理等，指导部门、行业和地方开展相关实施工作。

新的自然资源部承担了国有自然资源的“所有人”角色，负责对土地、森林、草原、湿地和水资源等自然资源的权属划分和管理，并管理新组建的国家林业和草原局。

与此同时，国家发展改革委也对内部机构、职能作了调整，组建资

2009 年 8 月 27 日，十一届全国人大常委会第十次会议表决通过全国人大常委会关于积极应对气候变化的决议，这是中国最高立法机构首次就应对气候变化问题作出决议。

源节约和环境保护司，继续承担国务院节能减排工作领导小组日常工作，并负责生态文明建设、发展循环经济、节能节水、资源综合利用和环境保护的工作。

过去中国生态环境治理和应对气候变化工作可以说处于“九龙治水”的局面，各项工作和职能分散于环保部、国家发展改革委、水利部、农业部、海洋局等不同的政府部门，各部门之间的合作和协调成本较高。在 2013 年的一次会议上，环保部官员公开表达了对于环保监管碎片化的无奈，“一氧化碳归环保部管，二氧化碳却归发展改革委管。”2018 年改革之后，机构职能的整合有助于降低部门间的协作成本，增强具体政策之间的协同性，有助于解决应对气候变化和生态环境治理中存在的一些顽固问题。[1]

① 马天杰、刘琴：《中国重塑生态环境治理顶层机构》，中外对话网站，https://www.chinadialogue.net/article/show/single/ch/10502-China-reshapes-ministries-to-better-protect-environment。

（三）强化应对气候变化相关立法

中国目前仍缺失关于应对气候变化的基本法，面临着气候治理法理支撑、司法系统支撑不够的问题。大多数的政策都是应社会需求和现实发展需要而生的，缺乏法律方面的依据和上位法的强力支撑。

但这不意味着中国政府不重视应对气候变化的相关立法。2009 年，第十一届全国人大常委会通过《关于积极应对气候变化的决议》，提出要尽快出台气候变化基本法。这表明，中国政府开始在立法的层面高度关注气候变化问题。

近年来，中国颁布了大量与应对气候变化有关的法律法规，涉及绿色发展、循环发展、低碳发展。中央层面的法律性文件主要是部门规章，多由国务院各个机构发布。从内容上看，与能源相关的法律规章在数量上占据首位，此外，涉及科技、环境保护、建筑业、交通运输、标准化管理和认证认可等方面。

经常提及的是《可再生能源法》（2009 年修正）、《节约能源法》（2016 年修正）、《循环经济促进法》（2018 年修正）、《清洁生产促进法》《清洁发展机制管理暂行办法》《中国清洁发展机制基金管理办法》《温室气体自愿减排交易管理暂行办法》《节能低碳产品认证管理办法》《碳排放权交易管理暂行办法》等。2014 年，国家发展改革委起草了《应对气候变化法（初稿）》并公开征求意见，以加快推进气候变化立法进程。2015 年 8 月，第十二届全国人大常委会第十六次会议通过了修订后的《大气污染防治法》。中国气象局则牵头开展修订《人工影响天气管理条例》。《应对气候变化法》和《碳排放权交易管理条例》已分别被列入《国务院 2016 年度立法计划》中的“研究项目”和“预备项目”。

《可再生能源法》（2009 年修正）和《节约能源法》（2016 年修正）具体列入了一些有助于减缓气候变化的措施，在缺乏应对气候变化基本法的背景下，一定程度上承担了应对气候变化法的职能。比如，制定全国可再生能源开发利用中长期总量目标制度、可再生能源电力强制入网制度、可再生能源发电项目上网电价酌情调整制度、费用补偿收购可再生能源电力的电网企业制度、推广可再生能源的经济激励制度、各行业节能措施的相关规定等，在应对气候变化方面发挥了重要作用。但这些措施都不以气候变化为直接目标，所以对气候变化工作的法律支撑有限。

除此以外，《大气污染防治法》（2015 年修订）、《水法》（2016 年修订）、《森林法》（2009 年修订）、《海洋保护法》（2016 年修订）、《水土保持法》和《海岛保护法》都规定了一些与减缓、适应气候变化相关的措施。比如，《大气污染防治法》规定“对颗粒物、二氧化硫、氮氧化物、挥发性有机物、氨等大气污染物和温室气体实施协同控制”，承认了温室气体与大气污染物同等重要的法律地位。但“协同控制”只能解决燃煤和其他能源、工业、机动车船的碳排放，无法控制所有的温室气体排放源。也就是说，这些规定在设计之初并非以应对气候变化为立法目的，只是在保护各环境要素的过程中与气候治理产生了关联。这种相对分散的制度格局不足以全面调整应对气候变化过程中应实施的减缓和适应措施。[①]

中央以下，许多地方先行先试，在应对气候变化和低碳发展的法规规章建设方面也有所突破。比如，青海、陕西出台了省级《应对气候变化管理办法》，四川、湖北、江苏的地方应对气候变化立法进程正向前推进，江西南昌、河北石家庄出台了市级《低碳发展促进条例》，上海、深圳等地针对气候变化出台了专项地方法规。这些制度建设和立法尝试都为出台国家应对气候变化法积累了经验、打下了基础。

---

① 张琪静:《后巴黎时代中国应对气候变化立法研究》,《环境与发展》2017 年第 10 期，第 1—3 页。

二、有重点有创新地全面强化控温减缓工作

减缓是有效应对气候变化长远策略的关键，而控制温室气体排放则是减缓气候变化的关键。强化、优化减排降碳工作是优化应对气候变化国家方案的关键之所在。到目前为止，中国主要通过控制碳排放强度来控制温室气体排放，同时，也尝试对碳排放峰值作出规定，为最终实现碳排放总量控制铺垫基础。2009 年 12 月在哥本哈根气候大会上，中国官方首次公开预估中国温室气体排放的峰值预计会出现在 2030—2040 年。2015 年在巴黎气候大会上，中国政府承诺在 2030 年碳达峰。2020 年 9 月，中国政府再次重申了 2030 年实现碳达峰的目标，并提出将在 2060 年实现碳中和。中国政府已强调要把“双碳”纳入生态文明建设整体布局，并将其列为 2021 年重点任务。

温室气体排放的主要来源是化石能源的燃烧，所以，能源控制是减排降碳的根本。2011 年中国政府发布了《“十二五”控制温室气体排放工作方案》，要求将“十二五”碳强度下降目标分解落实到各省（区、市），优化产业结构和能源结构，大力开展节能降耗。“十二五”期间，中国减排降碳的思路从控制能源强度逐渐调整为能源强度和能源消耗总量双控制，并以转变能源发展方式、大力调整能源结构、合理控制能源消费总量为指导思想，推动能源生产和利用方式变革，要求到 2015 年将全国能源消费总量控制在 40 亿吨标准煤左右。[①]

为加快推进绿色低碳发展，确保完成“十三五”规划纲要确定的低

① 《国务院关于印发“十二五”节能减排综合性工作方案的通知》，中国政府网 2011 年 9 月 7 日，http://www.gov.cn/zwgk/2011-09/07/content_1941731.htm；《国务院关于印发“十二五”控制温室气体排放工作方案的通知》，中国政府网 2012 年 1 月 13 日，http://www.gov.cn/zwgk/2012-01/13/content_2043645.htm;《国务院常务会议控制能源消费总量措施解读》，中国政府网 2013 年 1 月 30 日，http://www.gov.cn/jrzg/2013-01/30/content_2323363.htm。

碳发展目标任务，推动二氧化碳排放在2030年左右达到峰值并争取尽早达峰，2016年10月，国务院印发了《“十三五”控制温室气体排放工作方案》（以下简称“《控温方案》”），明确要求在进一步降低碳强度的同时有效控制碳排放总量，将全国碳强度下降约束目标分解到省级区域，并要求各省（区、市）将大幅度降低二氧化碳排放强度纳入本地区经济社会发展规划、年度计划和政府工作报告，制定具体工作方案。这意味着，“十三五”期间，在强调能源强度、能耗总量和碳强度控制之余，中国将更加重视二氧化碳排放总量控制，逐渐整合各个控制目标，或以二氧化碳排放总量控制替代能源消费总量控制目标。[①]

建立强度和总量的双控机制，以不断强化的目标约束来倒逼低碳发展，这对能源利用效率、新能源和可再生能源的使用提出了更高的要求。一方面，需要继续降低单位GDP的二氧化碳排放强度。要大力节能，提高能源效率，降低GDP的能源强度；要大力发展新能源和可再生能源，促进能源结构低碳化，降低单位能耗的二氧化碳强度。[②]另一方面，需要及早制定高比例的非化石能源发展规划和实施方案。在新的形势下，要强化能源结构的低碳化，促进新能源和可再生能源发展。[③]

为此，《能源生产和消费革命战略2016—2030》提出了两方面的目标。一方面，强化节能，控制能源消费总量，提出2020年和2030年分别将消费总量控制在低于50亿吨标准煤和低于60亿吨标准煤，并到2050

---

① 《国务院关于印发“十三五”控制温室气体排放工作方案的通知》，中国政府网2016年11月4日，http://www.gov.cn/zhengce/content/2016-11/04/content_5128619.htm；何建坤：《新时代应对气候变化和低碳发展长期战略的新思考》，《武汉大学学报（哲学社会科学版）》2018年第4期，第13—21页。

② 何建坤：《〈巴黎协定〉后全球气候治理的形势与中国的引领作用》，《中国环境管理》2018年第1期，第9—13页。

③ 王文涛、滕飞等：《中国应对全球气候治理的绿色发展战略新思考》，《中国人口·资源与环境》2018年第7期，第1—6页。

年一次能源消费总量趋于稳定的控制目标。在“十三五”及其后的每个五年规划中，实施单位GDP能源强度下降和能源消费总量增长的双控制。另一方面，实施非化石能源跨越发展行动，提出“两个50%”目标，即到2030年，非化石能源发电占总电量的50%，到2050年，非化石能源供应占一次能源消费总量的50%以上。

据此，中国主要以节能和能源革命为抓手（重点），配合信息技术革命和其他部门性措施（创新），强力减碳，使控温工作取得了显著的成就。

（一）深化节能进程

中国自改革开放以来一直致力于节能和提高能效，进入“十二五”以后，从生态文明建设的角度提高了节能减排政策的地位。“十二五”期间，节能减排主要通过加强节能目标责任考核与管理、推动重点领域节能、发展循环经济、完善节能标准标识、推广节能技术与产品、实行财税等激励政策等手段深化落实。2012年以来，增加了建筑领域、交通领域和公共机构节能的任务。

从制度建设的角度看，加强节能目标责任考核与管理是节能减排最为重要的保障措施之一。2011年前后，为了分解落实节能目标责任，国家建立了节能减排统计、监测、考核体系。《“十二五”节能减排综合工作实施方案》又分解下达了“十二五”节能目标，将地区目标考核与行业目标评价相结合、落实五年目标与完成年度目标相结合、年度目标考核与进度跟踪相结合，并按季度发布各地区节能目标完成情况晴雨表。2013年，完善了节能评估制度，制定了各地区“十二五”新上项目国家节能评估控制方案，初步建立了能评“双控”制度。2014年5月，国务院办公厅印发了《2014—2015年节能减排低碳发展行动方案》，用“铁规”和“铁腕”，进一步硬化考核指标、量化工作任务，以强化节能减排的保障措施。

2016 年以来，为推动落实“十三五”控温方案，中国政府从强化目标约束和政策引领、加强节能管理和制度建设、深入推进重点领域节能等方面强化节能环保努力。目标约束、政策引领方面，国务院印发了《“十三五”节能减排综合工作方案》，对“十三五”节能工作作出了总体部署，并要求将能耗总量和能耗强度“双控”目标分解到各省（区、市）。国家发展改革委、科技部、工业和信息化部、财政部等 12 个部门联合印发了《“十三五”全民节能行动计划》，提出实施节能产品推广行动等十大节能行动，全面推进各领域节能工作。制度建设方面，国务院节能减排工作领导小组召开会议，对“十三五”节能工作作出了有关部署，成员单位还制定出台了一系列监察方案和标准体系（见表 4）。重点领域节能方面，相关单位在家电、建筑、交通、公共机构等重点用能行业和单位继续推动提升能效。能效“领跑者”行动继续开展，国家发展改革委、质检总局发布了电冰箱、平板电视、转速可调型房间空调能效“领跑者”产品目录；住房和城乡建设部深入开展绿色建筑行动；交通运输部则继续推进现代综合交通体系建设，致力于建立健全绿色交通制度和标准体系。

表 4　与节能、能效相关的主要政策

文件	部门	主题
《“十三五”节能减排综合工作方案》	国务院	“十三五”节能工作的总体安排
《“十三五”全民节能行动计划》	国家发展改革委、科技部、工信部、财政部等 12 个部委	实施节能产品推广行动等“十大”节能行动
《节能监察办法》	国家发展改革委制定	强化节能监察
《固定资产投资项目节能审查办法》	国家发展改革委修订	强化能评事中事后监管

《节能标准体系建设方案》	国家发展改革委、国家标准委联合制定	完善节能标准体系强化节能标准约束
《能效标识管理办法》	国家发展改革委、质检总局	扩大能效标识适用范围[①]
《重点用能单位节能管理办法》	国家发展改革委、科技部、中国人民银行、国资委、质监局、统计局、证监会	开展重点用能单位"百千万"行动，推进全国重点用能单位能耗在线监测系统建设
《"十三五"公共机构节约能源资源规划》	国家机关事务管理局、国家发展改革委	开展公共机构节能考核

资料来源：作者整理，主要依据《中国应对气候变化的政策与行动 2017 年度报告》。

（二）推动能源革命

加快能源转型是推进生态文明建设、保障可持续发展的另一重要举措。一方面，能源转型是实现减排承诺、强化减排行动的关键助推器；能源系统摆脱化石能源则是实现温室气体净零排放的首要任务。另一方面，中国高质量发展的核心问题之一是改善能源结构，发展新能源是根本出路。面对"弃风弃光"、上网瓶颈、分布式发展缓慢的制约，电力生产和供应方式需要从自上而下的垄断式供应体系转变为自下而上和自上而下相结合的协调体系，这也是中国能源体制机制改革和市场化改革的重大方向。

中国能源革命的目标是建立清洁低碳、安全高效的能源供应体系和消费体系，最终形成以新能源和可再生能源为主体的新型低碳可持续能源体系，取代当前以化石能源为支柱的传统高碳能源体系，促进

① 截至 2016 年底，共发布了 35 类产品能效标识。

经济社会发展方式和路径的根本性转变，这也是世界大国能源战略的共同取向。[①]

通过应对气候变化的行动，不仅有助于实现可持续发展，还可以大幅提高中国在未来全球竞争中的综合能力。中国致力于把应对气候变化的成本和负担转化为中国经济未来增长的机会。“十一五”期间，中国加快发展天然气等清洁能源，积极开发利用非化石能源；通过国家政策引导和资金投入，加强了水能、核能等低碳能源开发利用，支持风电、太阳能、地热、生物质能等新兴可再生能源的发展，完善风力发电和上网电价政策。

2014 年 6 月，习近平主持召开中央财经领导小组第六次会议，研究中国能源安全战略，并提出推动能源消费、能源供给、能源技术和能源体制四方面的“革命”的构想。

《能源发展“十三五”规划》从能源消费总量和能源强度两个方面实施双控，以根本扭转能源消费粗放增长方式。该规划要求到 2020 年煤炭消费在一次能源消费中的比重降到 58% 以下，非化石能源与天然气等低碳能源消费的联合占比达到 25%。根据这一规划，清洁能源是“十三五”期间能源供应增量的主体。同时，在能源布局上，主要将风电、光电布局向东中部转移，并以分布式开发、就地消纳为主。该规划提出，要有效化解落后过剩产能，加快补上能源发展短板，深入推进煤电超低排放和节能改造，严格控制新投产煤电规模。

《能源生产和消费革命战略（2016—2030 年）》从推动能源消费、能源供给、能源技术、能源体制革命四个方面作出全面部署，推出了 13 项重大战略行动和权责清晰的保障措施。在《能源发展“十三五”规划》

---

① 何建坤：《全球气候治理形势与我国低碳发展对策》，《中国地质大学学报（社会科学版）》2017 年第 5 期，第 1—9 页。

的基础上，该战略进一步提出了能源革命目标：非化石能源占能源消费总量比重达到 20% 左右，天然气占比达到 15% 以上，即低碳能源联合占比达到 35%；新增能源需求主要依靠清洁低碳能源满足；推动化石能源清洁高效利用。该文件还重申了二氧化碳排放 2030 年左右达峰的目标，以及到 2050 年“能源消费总量基本稳定，非化石能源占比超过一半”，建成绿色、低碳、高效的现代化能源体系。

综合看来，中国能源生产领域的革命主要从三个方面优化能源结构：控制煤炭消费总量、推动化石能源清洁化利用、发展非化石能源，尤其致力于改变以煤为主的传统能源格局，转向多元化的供给模式。

第一，控制煤炭消费总量。从 2011 年至今，中国煤炭管理思路经历了总量控制试点、煤炭等量替代、煤炭减量替代 3 个阶段。2013 年以来，国家和地方相继印发了《国务院关于印发大气污染防治行动计划的通知》《重点地区煤炭消费减量替代管理暂行办法》《能源发展战略行动计划（2014—2020 年）》《加强大气污染治理重点城市煤炭消费总量控制工作方案》《国务院关于印发“十三五”生态环境保护规划的通知》《京津冀及周边地区 2017 年大气污染防治工作方案》等一系列文件，要求实行能源消费总量和强度“双控”行动，实施煤炭减量替代，降低煤炭消费比重，并对京津冀鲁、长三角和珠三角等区域提出了具体的削减煤炭消费总量目标。[①]

根据国家发展改革委《关于做好 2016 年度煤炭消费减量替代有关工作的通知》的要求，2016 年以来，京津冀等地区开展燃煤锅炉节能环

① 《国务院关于印发大气污染防治行动计划的通知》，中国政府网 2013 年 9 月 12 日，http://www.gov.cn/zwgk/2013-09/12/content_2486773.htm；《国务院办公厅关于印发能源发展战略行动计划（2014—2020 年）的通知》，中国政府网 2014 年 11 月 19 日，http://www.gov.cn/zhengce/content/2014-11/19/content_9222.htm；《关于印发〈重点地区煤炭消费减量替代管理暂行办法〉的通知》，国家发展改革委网站，http://www.ndrc.gov.cn/gzdt/201501/t20150114_660128.html。

保综合改造、利用余热和浅层地热能替代燃煤为居民供暖等重点工程，减少燃煤消费。煤炭减量替代试点范围进一步扩大，由京津冀、长三角、珠三角重点区域逐步扩展到三大重点区域，以及辽宁、山东、河南，项目层面逐步由电力项目扩展到非电项目。

第二，推动化石能源清洁化利用方面，相关部门出台了一系列文件，以促进化石能源（尤其是煤炭）的安全、清洁、高效、低碳使用。2011 年，为继续推动常规化石能源生产和利用方式变革和清洁高效发展，国家发展改革委颁布了《天然气发展“十二五”规划》，并会同财政部、住房和城乡建设部、能源局发布了《关于发展天然气分布式能源的指导意见》，提出了“十二五”期间的发展目标和重点任务。2012 年发布实施的《煤炭工业发展“十二五”规划》则将大力发展洁净煤技术、促进煤炭高效

截至 2019 年底，中国实现超低排放的煤电机组约 8.9 亿千瓦，占煤电总装机容量 86%，建成了世界最大规模的超低排放清洁煤电供应体系。图为山东省邹县发电厂超低排放改造后的厂貌。

清洁利用作为“十二五”期间煤炭工业发展的重点任务。除此之外，中国还进一步加大了非常规能源的开发力度。国家发展改革委组织制定了《煤层气（煤矿瓦斯）开发利用“十二五”规划》，提出2015年煤层气（煤矿瓦斯）产量达到300亿立方米，瓦斯发电装机容量超过285万千瓦，民用超过320万户，新增煤层气探明地质储量1万亿立方米的发展目标。另外，国家发展改革委会同财政部、国土资源部、国家能源局联合发布了《页岩气发展规划（2011—2015年）》，要求到2015年基本完成全国页岩气资源潜力调查与评价，初步掌握页岩气资源潜力与分布，并实现65亿立方米页岩气产量目标。

表5 2016—2017年关于化石能源清洁化利用的政策文件

文件	颁发部门	主题
《商品煤质量管理暂行办法》	国家发展改革委	稳步推进煤炭工业安全、清洁、高效、低碳发展
《关于促进煤炭安全绿色开发和清洁高效利用的指导意见》	国家能源局、环境保护部、工业和信息化部	
《煤炭安全绿色开发和清洁高效利用先进技术与装备推荐目录（第一批）》	国家能源局	促进煤炭安全绿色开发和清洁高效利用
《煤炭工业发展“十三五”规划及其年度实施方案》	国家发展改革委、国家能源局	引导煤炭企业提高煤炭洗选比例，从源头提高商品煤质量
《天然气发展“十三五”规划》	国家发展改革委	“十三五”期间天然气行业发展目标和重点任务

资料来源：作者根据《中国应对气候变化的政策与行动2017年度报告》整理。

第三，发展非化石能源，致力实现能源的多元化供给。2011 年，国家能源局组织制定了《可再生能源发展“十二五”规划》和水电、风电、太阳能、生物质能四个专项规划，提出了到 2015 年中国可再生能源发展的总体目标和主要措施。另外，组织实施了 108 个绿色能源示范县、35 个可再生能源建筑规模化应用示范城市以及 97 个示范县建设试点，组织制定了风电、太阳能、生物质能、页岩气等专项规划，以及上海等 5 个城市电动汽车充电设施发展规划等专项规划。2013 年，国家能源局相继出台了《光伏电站项目管理暂行办法》《关于促进光伏产业健康发展的若干意见》《分布式光伏发电项目管理暂行办法》《关于下达 2014 年光伏发电年度新增建设规模的通知》《关于开展分布式光伏发电应用示范区建设的通知》《关于支持分布式光伏发电金融服务的意见》《关于进一步落实分布式光伏发电有关政策的通知》等文件，以强化光伏产业发展力度。

随着各种可再生能源的开发利用工作稳步推进，国家能源局印发了《2016 年能源工作指导意见》，提出进一步加快能源结构调整、推进发展动力转换，实现“十三五”能源发展起步的良好开局。相应地，国家发展改革委、财政部等部门也发出通知，在全国范围内试行可再生能源绿色电力证书核发和自愿认购，以更好地利用市场机制和经济激励。

（三）善用“互联网 +”

除了传统的政策、行政手段，中国还利用大数据和智能科技技术推动减排降碳，包括减少高峰用电、降低交通排放、提高楼宇能效、提高废弃物回收利用效率和规模等等，利用“互联网 +”的方式解决可再生能源发电中存在的一些问题，以深化能源革命。

2015 年 7 月，国务院发布《关于积极推进“互联网 +”行动的指导意见》。其中一个单元专门论述了“互联网 +”智慧能源，对发展能源互联网的任务和目标展开了专门阐述，强调“通过互联网促进能源系统扁平化，推进能源生产与消费模式革命”，“加强分布式能源网络建设，提高可再生能源占比”，促进能源利用结构优化。在此之后，国家发展改革委、国家能源局等部委陆续发布了若干鼓励能源互联网的政策，主要涉及“互联网＋”智慧能源[①]、多能互补集成优化、微电网、有序放开配电网业务、可再生能源供热等领域，有关文件构成了支撑综合能源业务发展的政策引导体系。在这些文件的指导下，2016年下半年以来，新能源微电网、增量配电网、多能互补优化集成、能源互联网等四类试点示范项目陆续发布。

表6 能源互联网试点示范项目获批情况

试点类型	发起部门	示范项目数量
新能源微电网	国家能源局新能源司和电力司	28
多能互补优化集成	国家能源局规划司	23
能源互联网	国家能源局科技司	55
增量配电网（第一批）	国家发展改革委经济体制综合改革司	105

资料来源：何继江、王宇、陈文颖：《能源互联网推进能源转型》，王伟光、刘雅鸣等编：《应对气候变化报告（2017）》，北京：社会科学文献出版社，2017年，第139—153页。

① 2016年2月，国家发展改革委等三部委联合发布《关于推进“互联网＋”智慧能源发展的指导意见》。该指导意见是对能源互联网发展最关键的文件，对能源互联网作了官方的定义，明确了能源互联网的主要任务，确认了能源互联网对能源革命的重要作用。该文件将能源互联网作为“互联网＋”智慧能源的简称，指出“能源互联网是一种互联网与能源生产、传输、存储、消费以及能源市场深度融合的能源产业发展新形态”，其主要特征有“设备智能、多能协同、信息对称、供需分散、系统扁平、交易开放等”。

这四类试点中，新能源微电网突出了可再生能源的高比例消纳，多功能互补集成优化侧重于多能流的融合，能源互联网侧重于能源互联网前沿技术的创新，增量配电网侧重于体制创新。四者相辅相成，都反映了能源互联网的基本理念。

作为能源互联网落实的典型地区，青海省于2016年提出了2050年建成完全摆脱化石能源的电力系统规划研究报告。这也是中国第一份中远期高比例可再生能源电力系统的升级规划研究报告。2017年6月17日0时—23日24时，青海全省供电全部使用光伏、风电和水电等可再生能源，完成了连续168小时完全由可再生能源供电的试验。这是中国首次尝试在一个省级行政区域内全部由可再生能源供电，成为中国能源互联网发展的一个重要标志性事件，也创造了全球可再生能源供电的时长记录。

2012年，美国专家里夫金的《第三次工业革命》使能源互联网的概念在中国得到广泛传播；几年后，中国已经初步建立起鼓励能源互联网的政策体系，广泛开展了各类能源互联网试点示范项目。作为一种依托于可再生能源技术、通信技术与能源系统深度融合的，涵盖多类型能源网络与交通运输网络的新型能源利用体系，能源互联网大幅度增加了能源系统的灵活性，有助于推动建筑、工业、交通等终端能源部门实现清洁电力和可再生能源替代化石能源，助推能源革命。

（四）稳固其他措施

将应对气候变化与生态文明建设高度融合，不仅要求中国摒除不顾及生态环境、粗放发展或就生态论生态的简单二元论，更要求中国牢固树立将生态优势与经济优势、发展优势有机融合的发展辩证观，实现自然、经济、社会的和谐共生，推动低碳发展。

所以，中国在推进重大生态工程、环保工程、节能工程的同时，还根据节能减排、低碳、绿色、可循环的要求调整国民经济结构、驱动各个部门创新转型，颁布了多个专项规划（见表 7）。其中有三个突出的重点：一是深入推进产业结构调整，二是部门性低碳行动，三是控制非二氧化碳温室气体排放。

表 7 “十三五”以来应对气候变化各相关领域的行动

政策领域	归口部门	核心文件
宏观把控	国务院	“十三五”控制温室气体排放工作方案
能源	国家发展改革委 能源局	能源生产和消费革命战略（2016—2030） 能源发展“十三五”规划
	国家发展改革委	可再生能源发展“十三五”规划
	能源局	能源技术创新“十三五”规划
工业	工信部	工业绿色发展规划（2016—2020）
城镇建筑	住房和城乡建设部	建筑节能与绿色建筑发展“十三五”规划
林业	林业局	林业应对气候变化“十三五”行动要点 林业发展“十三五”规划 林业应对气候变化“十三五”行动要点 省级林业应对气候变化 2017—2018 年工作计划
技术	科技部 环保部 气象局	应对气候变化领域“十三五”科技创新专项规划

标准标识	国务院 办公厅	关于建立统一的绿色产品标准、认证、标识、体系的意见
	国家发展改革委 质检总局 认监委	低碳产品认证目录
	国家发展改革委	基于项目的碳减排核算方法
	认监委	组织温室气体排放核查通用规范

资料来源：作者根据《中国应对气候变化的政策与行动》报告整理。

推动产业结构优化升级的最终目标是构建“低投入、低消耗、低排放、高效率”的经济发展模式。中国以科技创新为驱动力，调整产业结构，大力发展低碳新兴产业，以促进产业转型和升级，努力建设以低碳排放为特征的产业体系，从而促进经济发展方式的根本转变。除了大力发展战略性新兴产业外，产业结构调整还遵循两条原则：持续推进高耗能产业去产能；大力发展服务业。

产业结构调整的措施主要针对四个要素：高耗能行业和传统产业、落后产能、服务业、新兴产业。随着工作的深入开展、成果的积累、国情的变动，四个领域的政策每年排序不同、定性要求不同。根据排序的变化，大致可以看出政府对各个领域政策的重视度、当年成本—效益的对比分析，以及工作开展的大致成效（见图 8）。

四个领域的政策中，只有“发展服务业”的定性要求前后比较一致：2007—2010 年，要求“加快”发展服务业；2011 年起，要求“大力”发展服务业。2016 年，服务业的重要性有所回升，为实现 2020 年初步构建起优质安全、便利实惠、城乡协调、绿色环保的城乡居民生活服务体系的目标，国家决定继续大力发展服务业，使分享经济更加繁荣。

图 8 四大主要政策手段在产业结构调整工作中的历年排序

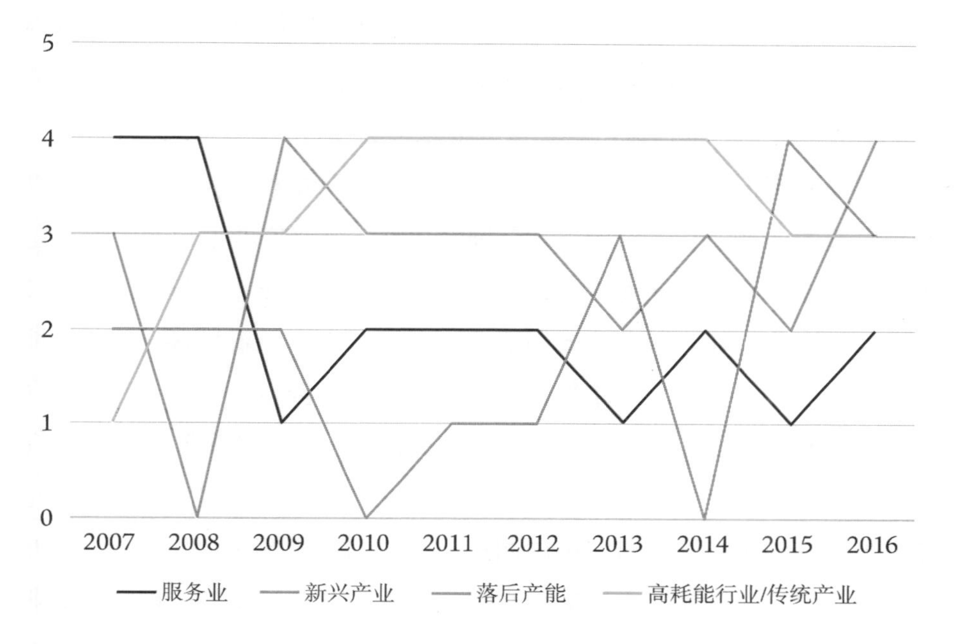

注：作者整理，数据来源于 2008—2017 年《中国应对气候变化的政策与行动》。纵轴数值表示排序，数值越高，表示排序越靠前。比如，2015 年 4 个领域的政策均进入产业结构调整工作的核心议程，淘汰落后产能、改造升级传统产业、扶持战略性新兴产业、加快发展服务业分别排在第一、第二、第三、第四位；2010 年，只有 3 个领域的政策进入核心议程，改造提升传统产业、培育和壮大战略性新兴产业、加快发展服务业分别排在第一、第二、第三位，淘汰落后产能未被提及。

对于高耗能产业，最初的要求是“遏制高耗能高排放行业过快增长”（2007 年），随后调整为“改造提升传统产业”（2008—2010 年），自 2011 年起要求“升级”传统产业（2011—2015 年）。2016 年，“传统产业改造升级”任务与“淘汰落后产能”的任务合并为“持续推进高耗能行业去产能”。而“加快淘汰落后产能”则是四项政策中优先级、连贯性都较差的一个，2010 年、2014 年均未被突出强调。

新兴产业的重要性近年来显著增强。最初，中国政府要求“做强做大高技术产业”（2007 年），2009 年提出“培育和发展 / 壮大战略性新兴产业”，2011—2015 年要求“扶持战略性新兴产业”，2016 年则将战略性新兴产业提到前所未有的高度，要求大力发展。

战略新兴产业主要是指利用新能源、新能源技术、互联网技术和高新信息技术的产业。《“十二五”国家战略性新兴产业发展规划》确定了七大战略性新兴产业发展路线图，包括节能环保产业、新一代信息技术产业、生物产业、高端装备制造业、新能源产业、新材料产业、新能源汽车产业，并设立了战略性新兴产业发展专项资金。《“十三五”国家战略性新兴产业发展规划》要求把新能源汽车、新能源和节能环保等绿色低碳产业作为支柱产业。《关于深化制造业与互联网融合发展的指导意见》则提出协同推进“中国制造 2025”和“互联网 +”行动。与此相对的，煤炭、钢铁、电解铝、水泥、平板玻璃、船舶等严重过剩行业则继续去产能。《关于煤炭行业化解过剩产能实现脱困发展的意见》和《政府核准的投资项目目录》都对这些行业作出了具体限制。

在产业转型升级、经济提质增效、面向绿色低碳的总思路指导下，工业、交通、建筑等行业都在归口部门的引导下开展了低碳行动。工业和信息化部发布了《工业绿色发展规划（2016—2020 年）》，以制造业绿色改造升级为重点，加快关键技术研发与产业化，强化试点示范和绿色监督，积极构建绿色制造体系。交通运输部颁发了《交通运输行业“十三五”控制温室气体排放工作实施方案》，并印发了《推进交通运输生态文明建设实施方案》，从交通运输结构优化、交通基础设施绿色建设和运营技术、清洁运输水平、交通运输生态文明制度和标准体系等方面对 2020 年交通运输行业提出了目标和要求。《绿色交通标准体系（2016）》则要求深入实施甩挂运输、多式联运等绿色运输组织模式，推进铁水、公铁、陆空等联运模式有序发展。建筑业方面，国务院印发《关于进一步加强城市规划建设管理工作的若干意见》，要求提高建筑节能标准，推广绿色建筑和建材，从国家层面首次明确了倡导发展被动式建筑。住房和城乡建设部则印发了《建筑业发展“十三五”规划》，明确了建筑业“十三五”低碳发展的要求和目标，致力于推广绿色施工和住宅产业化建设模式，建设绿色生态城区和零碳排放建筑试点。

控制非二氧化碳温室气体排放也是重要的工作。早在 2012 年，环保部就制订了《蒙特利尔议定书》下加速淘汰含氢氯氟烃化物（HCFCs）的管理计划。截至 2012 年 6 月，中国第一阶段（2011—2015 年）含氢氯氟烃淘汰总体计划、6 个消费行业计划和 1 个履约能力建设规划获得批准。2015 年，国家发展改革委会同有关部门开展控制氢氟碳化物的重点行动，下发了《关于组织开展氢氟碳化物处置工作的通知》。2016 年，国家发展改革委和环境保护部分别组织了氢氟碳化物处置核查、含氟温室气体统计核算。国家发展改革委组织地方发展改革委报送了有关企业 2016 年三氟甲烷（HFC-23）的处置情况，并随机安排第三方机构进行了核查，会同有关部门落实相关政策，确保 HFC-23 销毁装置正常运行。环境保护部在开展含氟温室气体统计调查技术培训的基础上，对 26 个省（区、市）的 113 家企业的含氟温室气体进行了统计核算，基本掌握了中国 2013—2015 年氢氟碳化物、全氟碳化物、六氟化硫、三氟化氮的生产、使用、进出口、副产品及其处理情况。

三、逐渐加强部门政策协同，以减缓、适应气候变化倒逼国家治理体系优化

气候变化的一大特点是影响的系统性，这使得减缓、适应气候变化的

具体政策大多跨领域、跨行业，需要有效的、制度化的部际政策协调和较高的协同力。气候变化的另一大特点是影响的全面性和分布的不均衡，所以，应对气候变化需要动员国民社会经济各个部门，对于一些重要、重点的部门则有特别的要求，正是这种特别的要求刺激相关部门创新政策。在系统性、全面性的作用下，各部门的政策突破反过来能优化该部门的其他相关工作，产生正面的溢出效应和协同效应。这个反馈回路使得减缓、适应气候变化的工作成为倒逼国家治理体系优化的抓手和引擎。

从单一政策向协同政策的转变，是近二十年来全球气候政策创新发展所呈现出的一条清晰可辨轨迹和普遍性规律。减缓、适应气候变化和可持续发展，这三者之间的包容性、兼容性所孕育出的系统性和成本效益，对于发展中国家而言尤其具有重要意义。低碳且具有气候韧性的转型发展路径，又被称为“气候包容性治理”或“包容性发展”。一方面，它强调气候治理路径必须遵循可持续发展的路径和目标指导，气候治理不是放弃发展来减少全球气候变暖的影响，而是通过转变发展方式来促进气候公平和协同治理。另一方面，它强调气候治理对于发展的重要性，气候变化减缓、适应对于促进绿色发展、减少贫困和改善人的健康等可持续发展目标具有显著意义。

除了前面提到了种种减缓气候变化的政策，近年来，中国也在不断完善适应气候变化方面的制度和政策，并且十分重视不同部门政策之间的协调性。比如，2013 年发布的《国家适应气候变化战略》就提出了“突出重点、主动适应、合理适应、协调配合、广泛参与”的原则。该战略提出了 2020 年的适应目标，重点领域包括基础设施、农业、水资源、海岸带、森林和其他生态系统、人体健康等。据此，中国制定和实施了《水土保持法》《防沙治沙法》《农业法》《草原法》《河道管理条例》《突发重大动物疫情应急条例》《草原防火条例》《抗旱条例》《森林防火条例》等相关法律法规，颁布了《小型水库安全管理办法》《关于做好强降雪等冬季极端天气卫生应急工作的通知》《关于做好暑期高温天气医疗服务工作的紧急通知》等文件，出台了《保护性耕作工程建设规划（2009—2015）》等规划和《全国自然灾害卫生应急预案（试行）》《风暴潮、海浪、海啸和海冰灾害应急预案》等。

在施策过程中，中国十分重视气候风险、生态环境问题和部门性治理的相互关系，不仅关注气候变化对生态环境的影响，也重视适应气候变化对气候兼容性发展、生态环境良性治理对适应气候变化的积极作用，从协同规划、综合施策、创新治理等角度促进气候包容、环境友好型发展。这突出体现在五个方面：（1）林业应对气候变化，将碳汇、森林可持续经营的经济效益与生态修复、生态保护关联；（2）农业应对气候变化，将扩增碳汇、节能减排、保障粮食安全关联；（3）大气污染防治，将保护公众健康、环境污染治理与减缓气候变化关联；（4）节水型社会建设，将环境资源保护与适应气候变化、防灾减灾关联；（5）沿海工程，将海洋环境保护与适应气候变化、防灾减灾、发展海洋经济关联。下面仅以前三项为例加以介绍。

（一）林业应对气候变化，将碳汇、经济效益与生态修复、生态保护关联

森林碳汇和气候变暖呈负相关关系。森林生态系统可以通过光合作用固定碳。相较于其他的植被生态系统而言，森林生态系统有更高的碳存储密度，每年固定的碳约占整个陆地生态系统的 2/3，因而在减缓气候变暖问题上扮演着重要角色。中国的森林资源和林地以国有和集体所有制为主，统一管理、规模经营，这有利于政府宏观调控、推进林业碳汇行动。

中国政府一向很重视林业在应对气候变化中的作用，自 1980 年就开始大规模造林，1990 年起提升造林力度，并开展了一系列林业生态工程。通过大力推进植树造林、保护森林和改善生态环境，增加碳汇能力。1980—2005 年，通过植树造林和森林经营、控制毁林，净吸收和减少排放二氧化碳累计 51.1 亿吨。到 2009 年，森林植被总碳储存量达到 78.11 亿吨，为应对气候变化作出重要贡献。[①]

近年来，随着生态文明建设和应对气候变化观念的深化，随着森林生态效益的日益凸显，国际社会对森林生态价值的重视程度不断提高。通过有计划地造林、再造林等林业措施，扩大森林覆盖率，不仅可以减缓气候变化，改善环境，也可以促进林业和社会经济的可持续发展，实现生态、经济和社会效益的共赢。

首先，中国政府高度重视林业在减缓气候变化方面的作用，并从森林可持续经营、林业碳汇两个方面充分发挥这种作用。

2009 年 6 月，全国林业工作会议召开，这是中华人民共和国成立 60 年来首次以中央政府名义召开的林业工作会议。会议明确指出，林业在应对气候变化中具有特殊地位，应对气候变化必须把发展林业作为战略选择。同年 9 月，时任中国国家主席胡锦涛在哥本哈根气候大会上作出了“双增”目标承诺：到 2020 年森林面积比 2005 年增加 4000 万公顷，森林蓄积量比 2005 年增加 13 亿立方米。11 月，国家林业局发布了《应对气候变化林业行动计划》，要求分 3 个阶段增加年均造林育林面积、提高全国森林覆盖率和森林蓄积量，以增强全国森林碳汇能力，并具体

① 刘羊旸、张辛欣：《国家林业局局长专访：应对气候变化林业在行动》，中国政府网 2009 年 12 月 3 日，http://www.gov.cn/jrzg/2009-12/03/content_1479824.htm。《国新办就中国森林资源状况等方面情况举行发布会》，中国网 2009 年 11 月 17 日，http://www.china.com.cn/zhibo/2009-11/17/content_18881839.htm。

列出了用以实现这一目标的 15 项措施。[①] 相关数据显示，《应对气候变化林业行动计划》落实得较好。

表 8 历次全国森林资源清查结果（单位：万立方米）

清查时间	活立木总蓄积	森林面积	森林蓄积	森林覆盖率（%）
第一次（1973—1976）	953227.00	12186.00	86579.00	12.70
第二次（1977—1981）	1026059.88	11527.74	902795.33	12.00
第三次（1984—1988）	1057249.86	12465.28	914107.64	12.98
第四次（1989—1993）	1178500.00	13370.35	1013700.00	13.92
第五次（1994—1998）	1248786.39	15894.09	1126659.14	16.55
第六次（1999—2003）	1361810.00	17490.92	1245584.58	18.21
第七次（2004—2008）	1491268.19	19545.22	1372080.36	20.36
第八次（2009—2013）	1643280.62	20768.73	1213729.72	21.63

数据来源：中国林业数据库，http://data.forestry.gov.cn/lysjk/indexJump.do?url=view/moudle/dataQuery/dataQuery，2018-11-15。

① 《中国应对气候变化的政策与行动（2011）》白皮书。这 3 个阶段性目标是：到 2010 年，年均造林育林面积 400 万公顷以上，全国森林覆盖率达到 20%，森林蓄积量达到 132 亿立方米，全国森林碳汇能力得到较大增长；到 2020 年，年均造林育林面积 500 万公顷以上，全国森林覆盖率增加到 23%，森林蓄积量达到 140 亿立方米，森林碳汇能力得到进一步提高；到 2050 年，比 2020 年净增森林面积 4700 万公顷，森林覆盖率达到并稳定在 26% 以上，森林碳汇能力保持相对稳定。林业减缓气候变化的 15 项行动是：大力推进全民义务植树，实施重点工程造林，加快珍贵树种用材林培育，实施能源林培育和加工利用一体化项目，实施全国森林可持续经营，扩大封山育林面积，加强森林资源采伐管理，加强林地征占用管理，提高林业执法能力，提高森林火灾防控能力，提高森林病虫鼠兔危害的防控能力，合理开发和利用生物质材料，加强木材高效循环利用，开展重要湿地的抢救性保护与恢复，开展农牧渔业可持续利用示范。

2016年，国家林业局修订印发《全国造林绿化规划纲要（2016—2020年）》《全民义务植树尽责形式管理办法（试行）》，颁布《造林技术规章》（修订版）和《旱区造林绿化技术模式选编》，出台《全国森林经营规划（2016—2050年）》，并完善了森林经营相关技术标准体系等相关政策文件。一方面，继续强化森林资源保护和林业灾害防控工作，努力减少林业领域碳排放；另一方面，全面停止天然林商业性采伐，天然林保护实现全覆盖。

就林业碳汇而言，2001年，中国就开始了森林生态效率补偿试点，为生态效益补偿机制建设开了个好头。2002年8月，中国正式核准《京都议定书》。2004年5月，国家发展改革委联合科技部、外交部共同颁发了《清洁发展机制项目运行管理暂行办法》。自2007年起，中国绿色碳汇基金会就开始鼓励企业和个人捐资造林。截至2011年6月，基金会获得了数百家企业和个人捐资4亿多元人民币，在全国十多个省（区、市）实施碳汇造林项目近120万亩，仅来自国内个人捐款“购买碳汇”的资金就达到400多万元，建设了29片个人捐资碳汇造林基地。2011年11月，由国家林业局批准，中国绿色碳汇基金会与华东林业产权交易所合作开展的全国林业碳汇交易试点在浙江义乌正式启动，首批交易完成14.8万吨林业碳汇指标。目前，中国仍然以政府为主推动林业碳汇项目，已经建立起比较完整的碳汇市场架构。

其次，中国政府顺应林业应对气候变化的要求，积极保护、修复森林生态系统和湿地生态系统，以此推动环境保护和环境修复工作、维护生物多样性。

除了减缓气候变化的15项行动外，《林业行动计划》还提出了7项林业适应气候变化的行动，包括提高人工林生态系统的适应性、建立典型森林物种自然保护区、加大重点物种保护力度、提高野生动物疫源

图 9 中国森林碳汇市场运行模式

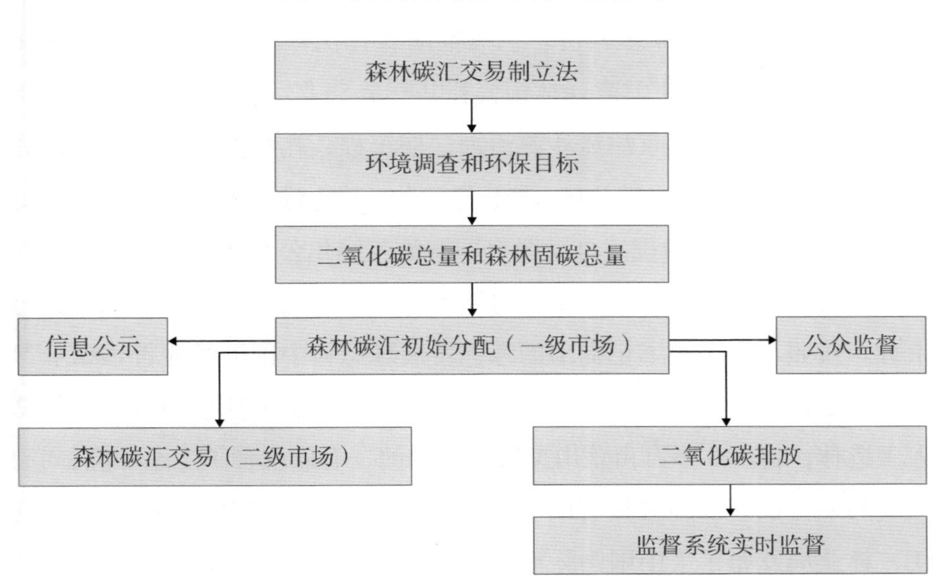

疫病监测预警能力、加强荒漠化地区的植被保护、加强湿地保护的基础工作、建立和完善湿地自然保护区网络。实践证明，林业应对气候变化有多重生态修复、生态保护功能。

一方面，森林工程有助于防治荒漠化。2011 年，国家林业局公布《林业应对气候变化“十二五”行动要点》，提出了加快推进造林绿化、全面开展森林抚育经营、加强森林资源管理、强化森林灾害防控、培育新林业产业等 5 项林业减缓气候变化主要行动。同时，发布了《全国造林绿化纲要（2011—2020 年）》和《林业发展“十二五”规划》，要求继续实施退耕还林、“三北”和长江重点防护林工程，推进京津风沙源治理工程和石漠化综合治理工程等工程。2012 年，林业局印发了《落实德班气候大会决定加强林业应对气候变化相关工作分工方案》，启动编制“三北”防护林五期工程规划，并发布实施了长江、珠江防护林体系和平原绿化、太行山绿化工程三期规划。截至2013年，累计在18个省（区、市）完成碳汇造林30多万亩。积极推动森林抚育补贴试点转向全面开展森林经营，安排中央财政森林抚育补贴资金58亿元，完成森林抚育1.18亿亩。此外，实施了京津风沙源治理二期工程，扎实推进石漠化综合治理工程，严格实行禁止滥开垦、禁止滥放牧、禁止滥樵采的“三禁”制度。

2017年9月，中国主办《联合国防治荒漠化公约》第十三次缔约方大会。大会强调，应对气候变化与防治土地沙漠化联系密切，需要协同治理。按照习近平总书记提出的绿色发展理念，中国继续践行“绿水青山就是金山银山”，大力推进绿化工作。以河北塞罕坝林场为例，通过人工造林，将100多万亩荒山戈壁变为绿洲，有效改善了生态环境。①

另一方面，湿地修复有助于保护生态系统健康和生物多样性。2011年，林业局发布了《中国国际重要湿地生态状况公报》，初步构建了湿地生态系统健康价值功能评价指标体系。2014年，出台了《林业适应气候变化行动方案（2015—2020年）》，再一次突出强调了森林综合治理、林业自然保护区建设和湿地保护、草原生态保护的作用。为全面推进自然湿地保护和退化湿地恢复，林业局2013年制定了《湿地保护管理规定》，安排专项资金近4亿元，以实施湿地保护恢复工程和湿地保护补助项目。2016年，国务院印发了《湿地保护修复制度方案》，要求加快建立系统完整的湿地保护修复制度，增强湿地碳汇功能。

湿地系统不仅可以提供水源、补充地下水、调节气候、控制洪水、净化环境，还可以保留土地营养，为野生动物提供栖息地。所以，修复和保护湿地除了扩增碳汇以外，还可同时保护生态系统的健康机能，维护生物多样性。

① 王伟光、刘雅鸣主编：《气候变化绿皮书：应对气候变化报告（2017）》，北京：社会科学文献出版社，2017年，第6页。

美国航天局卫星数据表明，全球从 2000 年到 2017 年新增的绿化面积中，约四分之一来自中国，贡献比例居全球首位。图为世界上面积最大的人工林——河北塞罕坝林场。

此外，草原保护有助于牧业发展。为推进草原保护工作，国家林业局出台《林业适应气候变化行动方案（2016—2020）》；农业部编制《耕地草原河湖休养生息规划（2016—2030）》和《“十三五”草原保护建设利用规划》，印发《推进草原保护制度建设工作方案》，开展全国草原生态环境专项整治，进一步落实草原禁牧和草畜平衡制度。国家实施草原生态保护补助奖励政策，在内蒙古等 13 省（区）和新疆生产建设兵团、黑龙江农垦总局启动实施新一轮草原“补奖政策”。实施退耕还草工程，建设草原围栏 233.4 万公顷，退化草地改良 17.3 万公顷。河北、内蒙古等 5 省（区）实施京津风沙源草地治理工程，治理草原 20.1 万公顷。重庆、贵州等 7 省（市）实施岩溶地区石漠化综合治理工程草原建设。四川、云南等 10 省（区）启动南方现代草地畜牧业推进行动，保护和改善南方草地生态环境。

（二）农业应对气候变化，将扩增碳汇、节能减排、保障粮食安全关联

为减少农业活动中的温室气体排放，中国一直推行综合措施，包括积极推广秸秆热解气化、秸秆生物气化、秸秆固化成型、秸秆炭化等燃料化利用技术，大力推广节能高效的省柴节煤炉灶炕、农村太阳能利用和小型光伏、小型风电、微型水力发电等，并实施保护性耕作技术创新与集成示范，开展渔业节能减排技术试验示范等。

除了转变生产方式、以减少温室气体排放之外，加强适应气候变化的能力是农业部门更急迫的任务。为此，中国通过公共财政支持等方式，推进保护性耕作，持续开展农田基本建设，加快农田水利建设等基础设施建设；与此同时，推广农业新技术、开展试验和示范，以加快农业现代化建设。这些举措在增强农业适应气候变化能力的同时，扩增了农业碳汇，更好地保障了国家粮食安全。

首先，强化农业适应气候变化的能力。中国加强农田水利等基础设施建设、推动大规模旱涝保收标准农田建设，并开展大型灌区续建配套与大型灌溉排水泵站更新改造，推广农田节水技术，开展农业水价综合改革暨末级渠系节水改造试点工作，提高灌溉效率，这些举措都有助于提高灾害应对能力。2014 年，财政部、农业部联合印发了《关于做好旱作农业技术推广工作的通知》，安排资金 10 亿元支持“三北”地区（东北、华北北部和西北地区）发展旱作节水农业。农业部推动在品种选育、栽培模式、田间工程、设备设施、化学制剂等方面开展系统研究，应用并推广了一系列旱作节水农业技术，影响面积达到 4 亿多亩。另外，累计建立墒情与旱情监测点 600 多个，节水农业技术服务设施设备和人员配备显著增强，节水农业技术服务体系初步建立，增强了作物生产对气候变化的适应能力。

其次，扩增农业碳汇。中央财政安排保护性耕作推广资金和工程建设投资，以增加保护性耕作面积。保护性耕作与传统耕作相比，农田土

壤含碳量可增加20%，每年减少农田二氧化碳等温室气体排放量可达0.61—1.27吨/公顷。2011年新增保护性耕作面积127万公顷，使全国保护性耕作面积累计达到567万公顷，减少二氧化碳排放达300万吨以上。2016年新增保护性耕作面积80万公顷。

最后，保障粮食安全。中国气象灾害多发，2016年，全国农作物因气象灾害受灾2622万公顷，比上年增加445万公顷。这就要求从增强农业应对气候变化的能力和提高生产力两个方面着手，保障粮食安全。农业部一直鼓励研究培育产量高、品质优良的抗旱、抗涝、抗高温、抗病虫害等抗逆品种，扩大良种种植面积，并加大农作物良种补贴力度，加快推进良种培育、繁殖、推广一体化进程。此外，广泛推广地膜覆盖、膜下滴灌、水肥一体化等旱作农业技术。2016年，农业部印发了《推广水肥一体化实施方案（2016—2020年）》，统筹谋划、全面推动水肥一体化工作。国家发展改革委也安排中央预算内投资200多亿元，支持粮食、棉花等农产品生产基地建设，加强以小型农田水利为基础的田间工程建设，提高农业防灾减灾能力。

（三）大气污染防治，将保护公众健康、环境污染治理与减缓气候变化关联

在气候变化的背景下保护公众健康是中国公共政策中很早就确定的工作重点之一。2008年以来，政府实施《国家环境与健康行动计划（2007—2015年）》，通过改善环境与健康管理，提高适应气候变化能力。2009年，卫生部门以适应气候变化、保护公众健康为重点，推进国家级和省级环境卫生管理与应对气候变化制度建设，组建了自然灾害卫生应急工作领导小组，以加强部门协作、完善自然灾害卫生应急预案体系、全面提升极端气候事件引发的公共卫生问题的应对能力。与此同时，组织开

展了一系列气候变化与健康影响相关研究，进一步加强了对气候因素相关传染病的监测和防控。

“十一五”期间，中国政府进一步将应对气候变化纳入卫生健康工作范畴，印发了《全国自然灾害卫生应急预案（试行）》，明确了水旱灾害、气象灾害、生物灾害等自然灾害卫生应急工作的目标和原则，确立了自然灾害卫生应急工作体制、响应级别和响应措施，制定了不同灾种自然灾害卫生应急工作方案。

随着中国经济的快速增长，污染排放大幅增加。2012 年入冬以后，雾霾频繁肆虐于广大中东部地区；2013 年 1 月的 4 次雾霾过程则笼罩 30 个省（区、市）。按照环境空气质量新标准开展监测的 74 个城市中，细颗粒物（PM2.5）年均浓度为 72 微克 / 立方米，超过二级标准（35 微克 / 立方米）1.1 倍，仅拉萨、海口、舟山 3 个城市达标。重度雾霾频发对人民群众的健康造成极大危害，引发国内外高度关注。在此背景下，中国政府将细颗粒物（PM2.5）防控作为工作的重中之重，坚决打赢大气污染防治主动仗。2013 年 9 月，正式发布《大气污染防治行动计划》（以下简称“《行动计划》”）。这不仅是中国推进大气污染防治工作的纲领性文件，也是探索环境保护新路的重大举措，加速了中国大气污染防治政策体系的完善。

除了维护人民群众健康、治理大气污染以外，《行动计划》出台的另一重大意义是推动了温室气体减排工作，推动了污染检测、环境评价等制度的完善。

首先，加快煤炭消费减量替代进程。为贯彻落实《行动计划》，国家发展改革委于 2014 年 12 月会同有关部门印发了《重点地区煤炭消费减量替代管理暂行办法》，对北京市、天津市、河北省、山东省、上海市、江苏省、浙江省和广东省的珠三角地区提出煤炭消费减量替代工作目标

河北雄安利用地热替代燃煤供暖，实现地热供暖全覆盖，成为全国首座“无烟城”。图为当地工人在检查地热循环装置。

及方案。2015 年 5 月，又印发了《加强大气污染治理重点城市煤炭消费总量控制工作方案》，提出空气质量相对较差的 10 个城市煤炭消费总量较上一年度实现负增长的目标。《京津冀及周边地区落实〈大气污染防治行动计划〉实施细则》还明确提出到 2017 年底，北京市、天津市、河北省和山东省压减煤炭消费总量 8300 万吨的指标。

其次，加快化石能源清洁利用进程和循环经济发展。《行动计划》要求强化控制煤炭消费总量，加快清洁能源替代利用，控制化石燃料消耗，发展清洁能源。工业和信息化部还研究制定了工业领域落实《行动计划》的工作方案，组织编制并发布了京津冀及周边地区、丹江口水库及上游等重点区域（流域）企业清洁生产水平提升计划，要求推进工业固体废物综合利用基地建设，联合国家安全监管总局开展尾矿综合利用示范工程建设，并组织实施废钢铁加工、轮胎翻新、废轮胎综合利用行业准入制度，发布了第三批《再制造产品目录》。

最后，推动环境污染防治、监测、评价的相关制度建设。在领导层面，成立了由国家发展改革委、统计局等 23 个部门组成的应对气候变化统计工作领导小组，建立了以政府综合统计为核心、相关部门分工协作的工作机制。在监控方面，自 2014 年起，开展与气候变化密切相关的疾病防控工作，尤其是加强了适应气候变化及气候变化相关的健康问题研究。此外，致力于提升环境气象服务业业务能力，建立常态化的大气污染气象条件评估业务，组织研发环境气象指数，以及编制《全国大气环境气象公报》，开展减排效果评估以及重污染天气预测等工作。环评方面，2014 年 3 月，环保部发布了《关于落实〈大气污染防治行动计划〉严格环境影响评价准入的通知》，从环评受理和审批的角度，提出了实行煤炭总量控制地区的燃煤项目必须有明确的煤炭减量替代方案。

四、不断提高对软件建设的重视程度，充分发挥市场和资本的作用

在应对气候变化的配套性、支持性软件政策方面，中国一向重视建立健全统计核算、监测监督系统，看重智库和人才的作用。近年来，受到经济结构转型、经济政策调整、市场决定性作用确立等宏观经济社会背景变化的影响，鉴于减缓气候变化政策手段成本效益亟待提高，中国更加重视发挥市场和资本的作用。

2011 年，中国正式启动碳排放交易试点，包括自愿减排交易机制和碳排放权交易试点两种。2012 年 6 月，为鼓励基于项目的温室气体自愿减排交易，保障交易活动有序展开，国家发展改革委出台了《温室气体

自愿减排交易管理暂行办法》，确立了自愿减排交易机制的基本管理框架、交易流程和监管办法，建立了交易登记注册系统和信息发布制度，并确定了可直接向国家发展改革委申请自愿减排项目备案的中央企业名单。[①]

截至 2015 年底，国家发展改革委备案并公布了约 180 多个温室气体自愿减排方法学，7 家交易机构备案成为温室气体减排交易平台，10 家核查机构通过备案获得自愿减排交易项目审定与核证机构资格，累计公示温室气体自愿减排审定项目 2000 余个，备案项目 700 余个，减排量备案项目约 200 个，累计备案减排量超过 500 万吨二氧化碳当量。截至 2016 年底，国家温室气体自愿减排交易注册登记系统已实现与 7 个碳交易点省市和福建、四川的交易平台对接，累计成交减排量 8111 万吨二氧化碳当量，累计成交额约 7.2 亿元。截至 2017 年 3 月，中国已开发 198 个温室气体自愿减排方法学，12 家机构获得温室气体自愿减排项目和减排量核证机构资格，累计公示温室气体减排审定项目 2871 个，备案项目 1315 个。不过，由于存在温室气体自愿减排交易量小、个别项目不够规范等问题，2017 年 3 月，为组织修订《温室气体自愿减排交易管理暂行办法》，国家发展改革委暂停了受理自愿减排交易备案申请。

至于碳排放权交易体系（ETS），这是促进减排的重要政策措施之一。利用市场促进节能减排的政策工具，对排放设定上限，通过市场手段引入碳定价，有效引导经济系统向低碳转型，这已经被多个国家和地区使用。目前，中国已经启动全国范围的统一碳市场。这是中国政府引导企业参与、发挥市场积极作用的尝试，是更加积极有效应对气候变化的一大举措，

① 《国家发展改革委关于印发〈温室气体自愿减排交易管理暂行办法〉的通知》，国家林业和草原局网站，http://www.forestry.gov.cn/uploadfile/thw/2016-11/file/2016-11-15-42b6d05e08f84be19adfd07e35842878.pdf。

也是一大成就。作为应对气候变化的一项重大体制创新，中国的碳排放权交易走出了一条“先试点，再辐射全国”的具有中国特色的道路。

（一）碳交易市场

中共十八大报告和“十二五”规划纲要等文件都提出要积极开展碳排放权交易试点、逐步建立碳排放交易市场、推动建设全国统一的碳排放交易市场。2011 年，国家发展改革委在北京、天津、重庆、广东、湖北、深圳等 7 个省市启动碳排放交易试点工作。各试点地区随即开始加强组织领导、建立专职队伍，安排试点工作专项资金，抓紧组织编制碳排放权交易试点实施方案，逐渐明确了总体思路、工作目标、主要任务、保障措施及进度安排，并在测算、确定本地区温室气体排放总量控制目标、研究制定温室气体排放指标分配方案的基础上，建立起本地区碳排放权交易监管体系和登记注册系统，培育和建设交易平台，以作好碳排放权交易试点支撑体系建设。

截至 2014 年 6 月，深圳、上海、北京、广东、天津、湖北和重庆先后启动了地方碳交易市场，正式上线交易。地方碳交易试点的运行，标志着中国利用市场机制推进绿色低碳发展迈出了具有开创性和重要意义的一步，是中国应对气候变化领域的一项重大体制创新。截至 2014 年底，7 个试点市场共纳入控排企业和单位 1900 多家，分配碳排放配额约 12 亿吨二氧化碳当量。截至 2015 年底，共纳入 20 余个行业的 2600 多家重点排放单位，分配碳排放配额约 12.4 亿吨二氧化碳当量。2014 年和 2015 年履约率分别达到 96% 和 98% 以上。截至 2017 年 9 月，7 个试点市场共纳入 20 余个行业近 3000 家重点排放单位，累计成交排放配额约 1.97 亿吨二氧化碳当量，累计成交额约 45.61 亿元。

7 个试点市场分布在东、中、西部地区，经济发展水平等方面存在

2014 年 4 月 2 日，湖北省碳排放权交易启动仪式在武汉举行。

显著差异，因此，其碳市场制度在立法形式、覆盖范围、配额分配、抵消机制、约束措施等关键要素的细节设计方面各有特色。但 7 个试点市场的整体设计思路基本相同，主要包含 5 个方面：（1）7 个试点体系均纳入直接排放和间接排放中，除重庆以外，各试点体系都只涵盖了二氧化碳这一种温室气体；（2）各试点体系在纳入控制企业时，均按照“抓大放小”的原则，主要管控排放量大、数据基础较好的行业和企业；（3）各试点体系的配额分配均以免费分配为主，仅预留小部分配额进行有偿发放，且均设计了事后调节机制，以对配额分配进行动态调整；（4）各试点体系均建立了较为严格的温室气体监测、报告与核查（MRV）体系；（5）各试点体系均允许企业使用一定比例的自愿核证减排量（CCER）抵消其排放量。另外，在缺乏国家层面的上位法支撑的情况下，7 个试点市场的法律依据普遍层级较低，除北京和深圳为地方人大常委会决定、属于地方法规形式以外，上海、广东、天津、湖北和重庆均为地方政府规章确立。

这些试点市场所积累的经验、教训，对全国碳排放权交易体系的建设和运行提供了重要参考：第一，遵循“抓大放小”的原则，主要纳入电力、有色金属、化工、建材等重点排放行业中排放量大、数据基础较好的企业，逐步扩大参与交易的行业和企业范围；第二，配额方面，全国市场在初期需按照“适度从紧”的原则发放，或通过建立政府主导的市场调控机制，以应对配额过剩或供应不足的问题；第三，MRV体系方面，需要发布统一、详细、可操作的核查指南与核查规范；第四，立法和保证遵约方面，全国碳排放权交易体系的法律保障层级最低应为国务院制定的行政法规。[①]

在试点的基础上，国家发展改革委于2014年开始组织研究全国碳排放交易权市场制度，并发布了《碳排放权交易管理暂行办法》，明确了全国碳市场建设的思路。2016年1月，国家发展改革委下发《关于切实做好全国碳排放交易市场启动重点工作的通知》，组织各地方、有关部门、行业协会和中央管理企业开展拟纳入碳市场企业的历史碳排放核算报告与核查；组织起草了企业碳排放报告管理办法和碳排放权第三方核查机构管理办法等配套制度；制定完善了配额分配方法，并完成了电力、电解铝和水泥行业部分企业配额分配试算；开展了全国碳排放权注册登记系统和交易系统建设与运行维护任务承担方评选等全国碳市场启动的重点工作。与此同时，国务院法制办会同国家发展改革委继续开展《碳排放权交易管理暂行条例》的立法审查工作。

2017年，在试点基础上正式启动了全国统一的碳排放权交易市场。其相关的法律文件主要包括部门规章——国家发展改革委2014年12月

① 张希良、齐晔主编：《中国低碳发展报告（2017）》，北京：社会科学文献出版社，2017年，第89—97页。

颁布的《碳排放交易管理暂行办法》[1]，以及试点地区地方人大的立法、地方政府规章和相关的政策文件。其中，《暂行办法》明确了全国碳市场的框架，对关键要素作了原则性的规定，是全国碳市场细节设计和建设的主要依据。

在 2020 年中国宣布 2030 年碳达峰、2060 年碳中和的目标之后，中国的碳市场建设明显提速。2020 年 12 月，生态环境部公布《碳排放权交易管理办法（试行）》，对全国碳市场建设作了更详细的规划和安排。该办法已于 2021 年 2 月 1 日起施行。

与国外体系相比，中国碳市场的特点主要反映在管理体系设置、总量和配额分配方法、覆盖范围 3 个方面。

第一，采用中央和省级两级管理体系。一方面，由国务院碳交易主管单位负责制定全国统一规则，以保证全国碳市场的效率和各地企业公平竞争。另一方面，赋予地方政府一定的自主裁量权，在配额分配方面给予地方从紧调整的权限，在覆盖范围方面给予地方扩大范围的灵活性，以照顾各地经济、产业的实际情况。

第二，总量和配额分配使用强度控制目标和基于实际产量的行业基准法。全国碳市场不设置明确的绝对总量控制目标，而主要采用加总各个纳入企业的配额分配量的方法来得到全国体系的配额总量。配额分配以免费分配为主，主要采用基于实际产量的行业基准法。采用强度控制目标和基于实际产量的行业基准法，是中国碳市场设计的一个创新之处，主要是为了兼顾相关行业的发展需求，并与产业政策等其他相关政策相协调。

---

① 2015 年 12 月，国家发展改革委在《暂行办法》的基础上起草了《碳排放交易管理条例（送审稿）》，提交国务院审议。与《暂行办法》相比，《条例》进一步明晰了监管部门的职责分工，明确了碳排放权配额的法律属性，增加了对核查机构的资质管理，规定了对重点排放单位、核查机构、交易机构违法违规行为的经济处罚。

2019年12月11日，在联合国马德里气候大会上，中国代表团团长赵英民透露，截至2019年10月底，中国碳交易试点地区的碳排放配额成交量达3.47亿吨二氧化碳当量，交易额约76.8亿元人民币。

第三，覆盖范围纳入了外购电力和热力消费中的间接排放，选用企业法人作为核算边界。原因在于，中国电力部门具有很强的政府强制管制色彩，施加在电力生产侧的碳价信号不能有效传导至消费侧，难以对消费者形成节约电力和热力的激励。此外，中国统计、工商、税务、工信等部门企业的数据统计均以企业法人为边界，数据基础较为完善，可以通过交叉检验的方式为全国碳市场设计中的参数选择提供参考。[①]

当然，中国的碳市场还面临着一些关键问题和挑战，包括法律层级较低、法律体系不健全，MRV规则未能达到基准线法分配对数据的要求，

① 王伟光、刘雅鸣主编：《应对气候变化报告（2017）》，北京：社会科学文献出版社，2017年，第154—166页。

在金融产品管理和财政预算上还需要进一步协调，与碳强度下降目标考核制度、可再生能源绿色证书交易机制、用能权有偿使用和交易制度等能源气候制度的协调对接机制还未制定。

但总体而言，中国碳市场的平稳运行、健康发展产生了多重功效。碳市场运行初期，企业碳排放配额分配以行业技术基准线为依据，有利于鼓励企业采用先进技术、淘汰落后产能。而碳价信号则可以引导社会投资导向，促进绿色金融发展。从近期、中期看，逐渐把现行对企业的用能权管理统一为二氧化碳排放权管理，以控制和减少二氧化碳排放为抓手和着力点，能实现促进节能和能源替代的双重效果，同时，为可再生能源快速发展提供更为灵活的空间和政策激励。从长远上看，中国碳市场的运行对于中国国内、国际未来的发展路径将起到非常重要的定锚、引渠作用——中国碳市场的成功将成为世界范围内以碳价机制促进减排的典范，引领未来碳价机制的发展。

（二）绿色金融

中国一直就发展国内绿色金融市场进行积极探索，围绕着碳排放权、用能权、排污权、水权等环境资源产品完善相关交易制度，推动建立生态环境保护和应对气候变化的市场化机制。例如，国务院在长江经济带开发的宏观战略中，强调依托长江经济带的重点生态功能区，开展生态补偿示范区建设。同时，推进水权、碳排放权、排污权交易，推行环境污染第三方治理；搭建绿色金融框架，从完善体系支撑入手发布相关政策文件。

2016 年 8 月，中国人民银行、财政部、国家发展改革委、环保部、银监会、证监会、保监会联合印发了《关于构建绿色金融体系的指导意见》，全面启动建设中国绿色金融体系和政策框架。《意见》明确指出，通过构建绿色金融体系促进产业转型升级发展，特别是针对新能源产业及相关环境权益类交易，要有更大的支持力度和具体措施。《意见》要求“完善环境权益交易市场、丰富融资工具。发展各类碳金融产品。促进建立全国统一的碳排放权交易市场和有国际影响力的碳定价中心。有序发展碳远期、碳掉期、碳期权、碳租赁、碳债券、碳资产证券化和碳基金等碳金融产品和衍生工具，探索研究碳排放权期货交易。推动建立排污权、用能权、水权等环境权交易市场。发展基于碳排放权、排污权、用能权等各类环境权益的融资工具，拓宽企业绿色融资渠道”。

据此，《“十三五”控制温室气体排放工作方案》提出了“出台综合配套政策，完善气候投融资机制，更好地发挥中国清洁发展机制基金作用，积极运用政府和社会资本合作 PPP 模式及绿色债券等手段，支持应对气候变化和低碳发展工作”，并提出要在“十三五”期间“以投资政策引导、强化金融支持为重点，推动开展气候投融资试点工作”。在中央政策的引导下，地方开展了积极探索，上海证券交易所、深圳证券交易所分别发布了开展绿色公司债券试点的通知，探索推进绿色债券发行试点工作；内蒙古自治区对设立地方环保基金进行了探索；浦发银行成功簿记发行中国境内首单绿色金融债券。

2017 年，国务院第 176 次常务会议审议通过五省（区）绿色金融改革创新试验区总体方案，决定在浙江、江西、广东、贵州、新疆五省（区）建设绿色金融改革创新试验区。证监会公开发布了《中国证监会关于支持绿色债券发展的指导意见》，引导交易所债券市场进一步服务绿色产业发展。中国人民银行、银监会、证监会、国家标准委联合发布《金融业标准化体系建设发展规划（2016—2020）》，重点推进绿色金融标准化。国家发展改革委积极开展气候投融资试点研究，配合银监会修订《绿色信贷统计制度》，将“低碳信贷”纳入绿色信贷统计，建立低碳信贷项目分类和统计制度，完善环境效益测算方法。

2017 年 11 月 11 日，在德国波恩举行的第 23 届联合国气候大会期间，中国金融学会绿色金融专业委员会和欧洲投资银行联合发布了《探寻绿色金融的共同语言》白皮书。

绿色金融改革创新试验区设立以来，各试验区建章立制，完善推进绿色金融改革创新试点的体制和机制，并依托市场，不断激发绿色金融创新活力。在推动绿色金融基础设施建设的同时，重视防控风险，确保试验区改革创新工作行稳致远。据中国人民银行不完全统计，截至 2018 年 3 月，五省（区）试验区绿色贷款余额已达 2600 多亿元，比试验区获批之初增长了 13%，高于同期试验区各项贷款余额增速 2%。在总量扩大的同时，绿色信贷资产质量保持在较高水平，绿色贷款不良率为 0.12%，比试验区平均不良率低 0.94%。[①]

① 《绿色金融改革创新试验区 85% 试点任务已启动推进》，中国政府网 2018 年 6 月 13 日，http://www.gov.cn/guowuyuan/2018-06/13/content_5298248.htm。

（三）其他配套性、支持性软件政策

中国政府向来重视温室气体排放的核算与统计，从 2011 年起，逐步建立了温室气体统计核算体系，建立健全了温室气体排放基础统计制度。这一年，国家发展改革委会同有关部门组织编写了《关于加强应对气候变化和温室气体排放统计的意见》，相应地，国务院机关事务管理局制订了《公共机构能源资源消耗统计制度》；住房和城乡建设部修订了《民用建筑能耗和节能信息统计报表制度》；国家林业局进一步加快推进全国林业碳汇计量与监测体系建设，并将试点扩大到了 17 个省市；国家统计局出台了《关于加强和完善服务业统计工作的意见》，为建立健全服务业能源统计奠定了坚实基础；交通运输部组织开展交通运输行业碳排放统计监测研究。

“十二五”期间，中国政府主要从完善能源等相关统计制度、加强温室气体清单编制和排放核算、加强基础统计体系建设、健全评价考核制度、提升排放核算能力等方面推进温室气体排放统计与核算工作。2013 年，国家发展改革委、统计局发布了《关于加强应对气候变化统计工作的意见》。据此，统计局研究制定了《应对气候变化统计工作方案》，建立了应对气候变化统计指标体系和《应对气候变化部门统计报表制度》，并会同国家发展改革委印发了《关于开展应对气候变化统计工作的通知》，组织成立了应对气候变化统计工作领导小组。2014 年，国家发展改革委颁布了《单位国内生产总值二氧化碳排放降低目标责任考核评估办法》，组织开展了对全国 31 个省（区、市）2013 年度、2014 年度和“十二五”单位国内生产总值二氧化碳排放降低目标责任的考核评估。这样，基本建立了控制温室气体排放考核评估体系和温室气体排放报告制度。

2015—2016 年，国家发展改革委、统计局进一步开展了应对气候变化统计指标体系和绿色发展指标体系的构建，建立健全了相关调查制度，

中国大气本底基准观象台位于青海省境内海拔 3816 米的瓦里关上，是目前欧亚大陆腹地唯一的大陆型全球基准站。其开展的观测项目有二氧化碳、臭氧、甲烷、气溶胶等近 30 个项目，为中国应对气候变化提供了可靠的数据支撑。

使清单编制和核算工作常态化。27 省（区、市）统计部门配备了专职人员负责应对气候变化相关统计核算工作，21 省（区、市）利用省级财政资金支持应对气候变化相关的统计工作，25 个省（区、市）完成了省级温室气体清单的编制工作，17 个地区开展并完成了市 / 区级温室气体清单的编制工作。

在加强监督检测、统计核算的同时，决策支撑也在不断加强。2006 年、2010 年、2016 年，政府先后成立三届国家气候变化专家委员会。每一届专家委员会都根据新形势确定核心任务，并对组成人员进行调整。比如，第二届专家委员包括气候变化科学、经济、生态、林业、农业、能源、地质、交通、建筑以及国际关系领域的专家 31 人，他们就气候变化科学问题、适应行动、“十二五”及“十三五”目标、排放峰值、长期目标、低碳发展、国际谈判策略、排放核算等方面开展了大量卓有成效的工作。第三届专家委员会则增加了院士、高级专家数量，共42人，负责研究2050年低碳发展战略、碳市场机制建设、绿色低碳发展模式、气候变化科学和政策关联等。①

另外，为强化应对气候变化的研究咨询支撑，国家发展改革委于2011年11月成立了国家应对气候变化战略研究和国际合作中心，主要为气候变化工作提供政策研究支撑。环保部环境发展中心和南京环境科学研究所组建成立了环境与气候变化中心和生态保护与气候变化响应研究中心。国家林业局也于2011年成立了华东、中南、西北三个林业碳汇计量监测中心，2012年又成立了生态系统定位观测网站中心，负责开展全国森林、湿地、荒漠生态定位观测研究。2011年5月，中国民航总局成立了中国民航大学节能减排研究与推广中心，作为行业节能减排专门研究机构。2012年，质检总局批准建立了23家国家城市能源计量中心，搭建能源计量数据公共平台、能源计量检测技术服务平台、能源计量技术研究平台、能源计量检测人才培养平台，为低碳经济发展提供全方位的计量技术支撑。

由于中国应对气候变化工作起步较晚、经验不足，而人才队伍培养和建设是开展应对气候变化工作的基础条件，所以，中国亟须加强气候变化相关的人才培养。政府相关部门积极组织应对气候变化能力培训，全面提升相关领域应对气候变化工作的能力。截至2017年，国家机关事

① 《第二届国家气候变化专家委员会成立 杜祥琬任主任》，中国政府网2010年9月14日，http://www.gov.cn/gzdt/2010-09/14/content_1702610.htm。《第三届国家气候变化专家委员会成立 并召开第一次工作会议》，中国气象局网站2016年9月30日，http://www.cma.gov.cn/2011xwzx/2011xqxxw/2011xqxyw/201609/t20160930_325288.html。

务管理局通过网络远程和面授方式，培训各级各类节能管理人员约 9000 人次。气象局开设了科学应对气候变化和生态文明相关课程和培训班。[①]

与此同时，在教育部的鼓励下，中国高等院校加强了环境和气候变化教育科研基地的建设，也为培养气候变化领域专门人才发挥了积极作用。到 2015 年，全国大气科学类专业布点数 22 个、环境科学与工程类专业布点数 719 个、新能源领域相关专业布点数 367 个、节能环保领域相关专业布点数 242 个，北京大学、南京大学和中国农业科学院等学位授予单位自主设置了 222 个与气候变化、环境保护相关的二级学科，培养了大批与应对气候变化相关的专业人才。2017 年，新成立的上海交通大学中英国际低碳学院、华北电力大学低碳学院分别将碳捕集与封存技术、近零碳排放技术纳入学科专业设置。中国社会科学院将气候变化经济学纳入学科建设“登峰战略”的优势学科。

① 《中国应对气候变化的政策与行动 2017 年度报告》，国家应对气候变化战略研究和国际合作中心网站，http://www.ncsc.org.cn/yjcg/cbw/201802/P020180920511053508049.pdf。

第二节
中国应对气候变化的科技研发政策和行动

中共十八届五中全会提出“创新、协调、绿色、开放、共享”五大发展理念，强调创新是引领发展的第一动力，绿色是永续发展的必要条件和人民对美好生活追求的重要体现。从中国的实践来看，科技创新在应对气候变化、推动绿色发展中发挥了重要作用，为国际社会探索气候适应型和可持续发展道路提供了重要经验。[①]

中国高度重视气候变化科技创新工作，形成了以国家层面的科技战略规划和应对气候变化科技创新专项规划为统领，各部门、各地区的各类科技规划、政策和行动方案为支撑的应对气候变化科技政策体系。2014 年国家科技计划管理改革以来，相关科技任务的部署得到优化和整合。相关部门、地方在做好国家科技计划的落地实施和成果转化的同时，还积极开展了发布推广技术清单、技术指南、编制相关标准和建设绿色技术银行等一系列行动，并大力加强应对气候变化科普宣传。

① 万刚：《中国“创新发展”应对气候变化》，人民日报海外版 2015 年 11 月 30 日。

一、中国应对气候变化的科技政策与行动

（一）政策体系的完备性

首先，中国高度重视应对气候变化科技创新工作，在国家层面的科技发展战略规划中明确了应对气候变化相关任务方向，并制定了专门的应对气候变化科技发展专项规划。

《国家中长期科学和技术发展规划纲要（2006—2020年）》将“全球变化与区域响应”列为十大面向国家战略需求的基础研究领域之一，提出“积极参与国际环境合作。加强全球环境公约履约对策与气候变化科学不确定性及其影响研究，开发全球环境变化监测和温室气体减排技术，提升应对环境变化及履约能力”的发展思路。《“十三五”国家科技创新规划》在发展生态环保技术、发展深地极地关键核心技术、加强国家重大科技设施建设、开展重大科学考察与调查等方面都涉及应对气候变化相关内容。自“十二五”以来，中国开始制定专门的应对气候变化专项规划，按照《2014—2020年国家应对气候变化规划》及相关科技发展战略规划的总体部署，进一步明确了一个时期内应对气候变化的发展思路、发展目标、任务方向和保障措施。2012年5月，科技部联合外交部、国家发展改革委等16个部门发布了《“十二五”国家应对气候变化科技发展专项规划》，从气候变化的科学研究水平、应对气候变化的技术创新和科学决策能力、气候变化研究的人才队伍、基地建设与国际科技合作水平、应对气候变化科技的宏观协调和管理服务能力等方面提出了规划的具体目标，从基础研究、减缓与适应技术、经济社会可持续发展、国际科技合作、能力建设5个方面提出29个任务方向、重点发展的20项关键减缓及适应技术，在指导中国依靠科技进步应对气候变化方面发挥了重要的指导作用。2017年4月，科技部、环境保护部和

中国气象局联合发布了《“十三五”应对气候变化科技创新专项规划》，该规划结合新的形势发展与需求，提出了科学、技术、国际战略与管理和能力建设4方面的发展目标，明确了深化应对气候变化的基础研究、加快保障基础研究的数据与模式研发、建立气候变化影响评估技术体系、建立气候变化风险预估技术体系、推进减缓气候变化技术的研发和应用示范、推进适应气候变化技术的研发和应用示范、深化面向气候变化国际谈判的战略研究、深化面向国内绿色低碳转型的战略研究、加快基地和人才队伍建设、加强国际科技合作10个任务方向，是“十三五”时期应对气候变化科技工作的行动指南。

其次，相关部门以国家层面的发展规划为指导，结合自身职能及实际发展需求，积极出台了应对气候变化的科技规划及政策。

2016年4月，国家发展改革委联合能源局下发了《能源技术革命创新行动计划（2016—2030年）》，将二氧化碳捕集、利用与封存技术创新列为15个重点任务之一。2016年1月，中国气象局印发《关于加强气候变化工作的指导意见》，强调要“坚持应对气候变化基础性科技部门的定位和职责”，“为应对气候变化全链条提供科技支撑”，“未来五年，要着力在气候系统观测变量、基础数据建设、气候变化监测水平、气候变化模拟预估能力、气候变化机理研究等方面取得突破”。2018年中国气象局印发《关于加强生态文明建设气象保障服务工作的意见》，提出要推进业务技术的科技创新、推进相关基地平台等建设，研发生态气象分析预测评估数值模式和监测评估预警指标体系，发展生态气象灾变预测与风险评估等技术。2016年6月，国家林业局制定了《林业应对气候变化“十三五”行动要点》，提出“聚焦林业应对气候变化重大科学问题，加强森林、湿地、荒漠生态系统对气候变化的响应规律及适应对策等基础理论、关键技术研究，加强科研成果的推广应用；积极协调

2016 年 6 月，国家“十二五”科技创新成就展上展示的大规模集成二氧化碳捕集封存技术模型。

推进建立全国林业碳汇技术标委会，适时出台实际需要的林业碳汇相关技术规范；推进生态定位观测研究平台建设，不断提升应对气候变化科技支撑能力”。2017 年，水利部印发《关于实施创新驱动发展战略加强水利科技创新若干意见》，并联合科技部印发《“十三五”水利科技创新规划》，将“气候变化”作为“十三五”学科建设和创新发展的重要方向，重点开展水资源领域应对气候变化相关的基础理论和应用基础研究，目标是实现一批重大基础理论突破和方法创新。2018 年 10 月，自然资源部印发《自然资源科技创新发展规划纲要》，明确了“建立极地驱动全球气候变化的系统理论体系，及对我国天气和气候显著性影响机制”的任务。

最后，各地方政府依据国家层面的相关战略规划，结合地方发展实际和需求，规划布局地方层面的气候变化领域的科技工作，出台了一系列科技发展规划和政策，明确了气候变化科技和产业发展的目标任务，并开展了相关行动。

全国 31 个省（区、市）均制定了应对气候变化科技发展规划与相关政策，内容涵盖科技发展、低碳发展、节能减排、温室气体控制、环境保护、污染防治、创新驱动发展等方面。其中吉林、上海、重庆、河北、内蒙古、甘肃、湖北、广东 8 个省（区、市）制定了专门应对气候变化的规划与科技政策，辽宁、天津、上海、河南、贵州、湖南、湖北、山东、广东、四川 10 个省（市）和新疆生产建设兵团制定了温室气体减排、节能或低碳的规划与科技政策。尤其是广东，在温室气体减排和可再生能源发展方面制定了《广东省节能减排“十三五”规划》《广东省能源发展“十三五”规划》《广东省“十三五”控制温室气体排放工作实施方案》《广东省近零碳排放区示范工程实施方案》《广东省陆上风电发展规划》《广东省海上风电场工程规划》《广东省太阳能光伏发电发展规划（2014—2020）》。黑龙江、北京、宁夏、青海、广西、云南、浙江、江苏、山东、山西、安徽、陕西、江西、海南、西藏、新疆 16 个省（区、市）则是在科技创新规划、科技创新平台建设、国家生态文明试验区建设、大气污染防治等综合性政策中包含了应对气候变化相关内容。

总体上，中国高度重视应对气候变化科技创新工作，形成了以国家层面的科技战略规划和应对气候变化科技创新专项规划为统领，以各部门、各地区的各类科技规划、政策和行动方案为支撑的应对气候变化科技政策体系（见图 10）。

（二）体制机制的健全性

近年来，中国在应对气候变化体制机制建设方面取得了积极进展，但科技管理效能尚待进一步提升。按照中国政府机构改革的安排部署，

图 10 应对气候变化科技政策体系

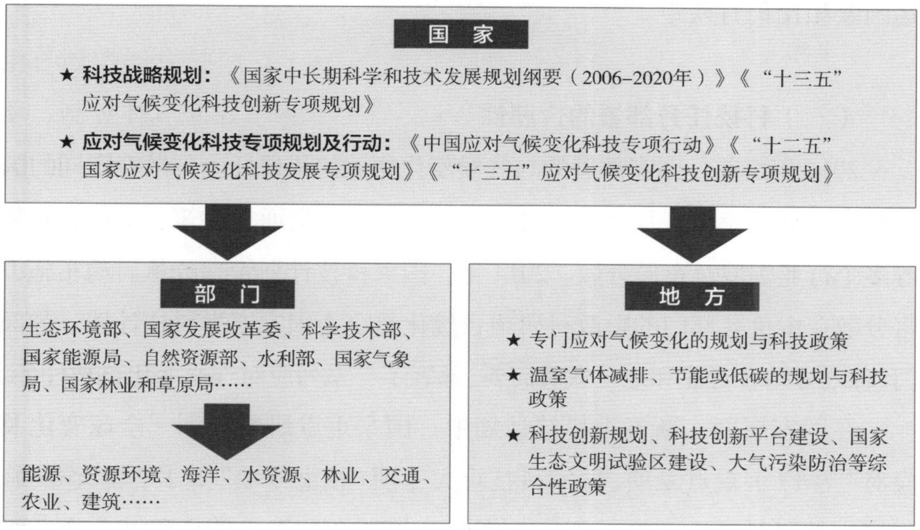

国 家

★ **科技战略规划：**《国家中长期科学和技术发展规划纲要（2006–2020年）》《“十三五”应对气候变化科技创新专项规划》

★ **应对气候变化科技专项规划及行动：**《中国应对气候变化科技专项行动》《“十二五”国家应对气候变化科技发展专项规划》《“十三五”应对气候变化科技创新专项规划》

部 门

生态环境部、国家发展改革委、科学技术部、国家能源局、自然资源部、水利部、国家气象局、国家林业和草原局……

能源、资源环境、海洋、水资源、林业、交通、农业、建筑……

地 方

★ 专门应对气候变化的规划与科技政策

★ 温室气体减排、节能或低碳的规划与科技政策

★ 科技创新规划、科技创新平台建设、国家生态文明试验区建设、大气污染防治等综合性政策

资料来源：作者自制。

2018 年 4 月，应对气候变化职能划转至新组建的生态环境部；2018 年 7 月，根据国务院机构设置、人员变动情况和工作需要，国务院对国家应对气候变化及节能减排工作领导小组组成单位和人员进行了调整。

根据科技部编写的《“十三五”应对气候变化科技创新专项规划》中期评估报告，气候变化涉及的领域广泛，行业繁多，需要进一步提升应对气候变化科技管理效能，大力加强顶层设计和统筹协调，进一步厘清各部门职能分工、完善组织架构和工作机制。应对气候变化相关法律法规、政策体系、标准规范还不健全，相关规划实施所需的数据基础、人才队伍等还需加强。[①] 适应气候变化科技创新的政策环境依然不完善，

① 刘长松：《改革开放与中国实施积极应对气候变化国家战略》，《鄱阳湖学刊》2018 年第 6 期，第 21—27 页。

特别是适应气候变化的专项法律法规、标准制定、成效评估等方面与发达国家相比仍有差距。[①]

（三）科技任务部署的合理性

2014年之前，国家部署的与气候变化相关的科研任务分散在不同的国家科技计划、专项、基金或项目中，涉及能源、交通、建筑、工业、农林等多个行业领域，布局分散。2014年，国家科技计划管理改革启动实施，将分散在中央各部门的财政科研项目优化整合为国家五类科技计划，各部门、各地方结合行业和地区发展需要，部署了一系列应对气候变化科技任务。

在国家层面，新五类科技计划中，国家重点研发计划“全球变化及应对”等17个重点专项、国家科技重大专项“核电专项”等2个重大专项、国家自然科学基金“全球变化生态学”等4个二级申请代码及7个三级申请代码均部署了应对气候变化相关科研任务。

在部门层面，中科院通过设立战略性先导科技专项等重大项目，在气候变化基础研究、退化生态系统修复技术与模式、低碳技术研发应用等方面开展了大量工作，主要包括低阶煤清洁高效梯级利用关键技术与示范、变革性洁净能源关键技术与示范、泛第三极环境变化与绿色丝绸之路建设、美丽中国生态文明建设科技工程等战略性先导科技专项，以及重点脆弱生态区生态系统恢复技术集成与推广应用、全国生态环境变化（2010—2015）调查评估、中国气候与环境演变2021等重大项目，经费总计约33.69亿元。2016年，科技部为解决巴黎会议后应对气候变化急迫重大问题，支撑国际谈判，启动实施了发展改革专项项目“巴黎

① 许端阳、王子玉、丁雪等：《促进适应气候变化科技创新的政策环境研究》，《科技管理研究》2018第2期，第14—18页。

会议后气候变化急迫问题研究”。2018 年，为给国内政策制定和国际气候变化谈判提供科技支撑，扩大中国在应对气候变化领域的国际影响力，科学技术部、中国气象局、中国科学院、中国工程院联合牵头开展《第四次气候变化国家评估报告》编写工作。

在地方层面，各省（区、市）在基础与应用基础研究专项（省自然科学基金）、重大科技专项、应用型科技研发专项、公益研究与能力建设专项、协同创新与平台环境建设专项、科技创新战略专项、人才计划等专项中均部署支持开展应对气候变化科技项目（见表 9）。相关任务内容涉及应对气候变化自然科学基础、影响与适应、减缓等技术和战略研究。

表 9 应对气候变化科技任务部署情况

科技计划类别	应对气候变化相关专项名称或申请代码
重点研发计划	全球变化及应对（全部任务）
	新能源汽车（全部任务）
	可再生能源与氢能技术（全部任务）
	核安全与先进核能技术（全部任务）
	煤炭高效清洁利用（部分任务）
	智能电网技术与装备（部分任务）
	深海关键技术与装备（部分任务）
	海洋环境安全保障（部分任务）
	大气污染成因与控制技术研究（部分任务）
	水资源高效开发利用（部分任务）
	粮食丰产增效科技创新（部分任务）
	绿色建筑及建筑工业化（部分任务）
	典型脆弱生态修复与保护研究（部分任务）

		高性能计算（部分任务）
		国家质量基础的共性技术研究与应用（部分内容）
		重大自然灾害监测预警与防范（部分内容）
		政府间国际科技创新合作重点专项（部分内容）
国家科技重大专项		油气开发专项（部分任务）
		核电专项（全部任务）
国家自然科学基金	二级代码	C0308（全球变化生态学）
		D0507（气候学与气候预测）
		D0512（大气环境与全球气候变化）
		D0607（可再生与替代能源利用中的工程热物理问题）
	三级代码	B050701（天然气活化与转化）
		B050704（二氧化碳化学转化）
		B050804（太阳能电池）
		B050901（氢能源化学）
		B050904（太阳能化学利用）
		B081003（生物质能源化工）
		E060101（节能与储能中的工程热物理问题）
其他	部门	科技部发展改革专项项目、《第四次气候变化国家评估报告》编制、中科院战略性先导科技专项及重大项目等
	地方	基础与应用基础研究专项（省自然科学基金）、重大科技专项、应用型科技研发专项、公益研究与能力建设专项、协同创新与平台环境建设专项、科技创新战略专项、人才计划等专项

在科技任务部署渠道方面，国家科技计划管理改革以来，应对气候变化相关任务在国家层面部署的渠道和来源在很大程度上得到优化和整合（见图 11），但受领域自身特征的影响，当前国家科技计划（专项）没有在应对气候变化的管理上进行主动整合或单独设立重点专项，立项形式仍较分散。尤其是在减缓气候变化研究方面，涉及国家重点研发计划的 9 个重点专项、国家科技重大专项的 2 个重大专项、国家自然科学基金的 1 个二级代码和 7 个三级代码，统筹管理难度大。另外，从相关专项任务与应对气候变化的相关程度来看，除“全球变化及应对”重点专项、国家自然科学基金全球变化生态学、气候学与气候预测、大气环境与全球气候变化三个代码方向与应对气候变化直接相关外，其余专项或项目尽管具有应对气候变化的效果，却并非以应对气候变化为直接目的设立。

在经费投入方面，应对气候变化的财政投入持续增加。据不完全统计，

图 11 应对气候变化科技任务部署渠道示意图

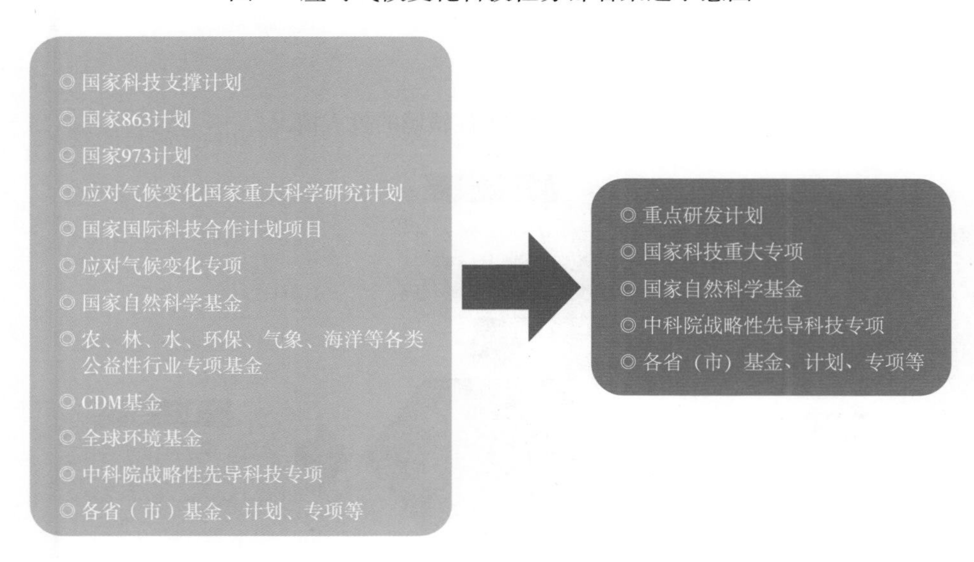

“十三五”前两年，应对气候变化中央财政科技投入超过137亿元，并有望再创新高。应对气候变化各领域的经费投入布局不均衡，在减缓领域投入多，战略研究、影响与适应领域的资金投入明显较少（见图12），受领域自身特性影响，减缓气候变化领域投入最为分散（见图13）。

图12 应对气候变化各领域投入总体情况

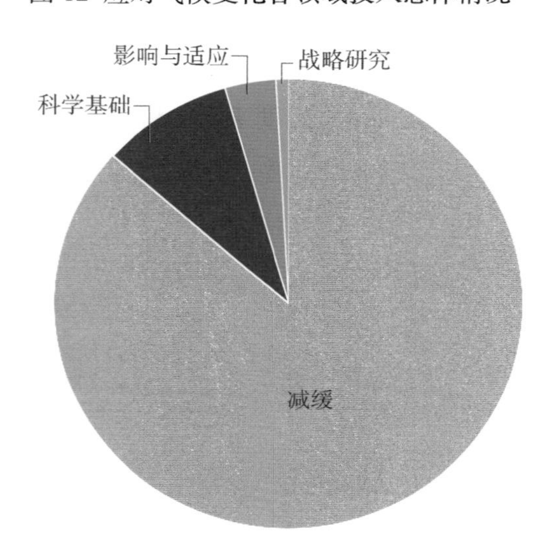

图13 减缓气候变化各领域的投入情况

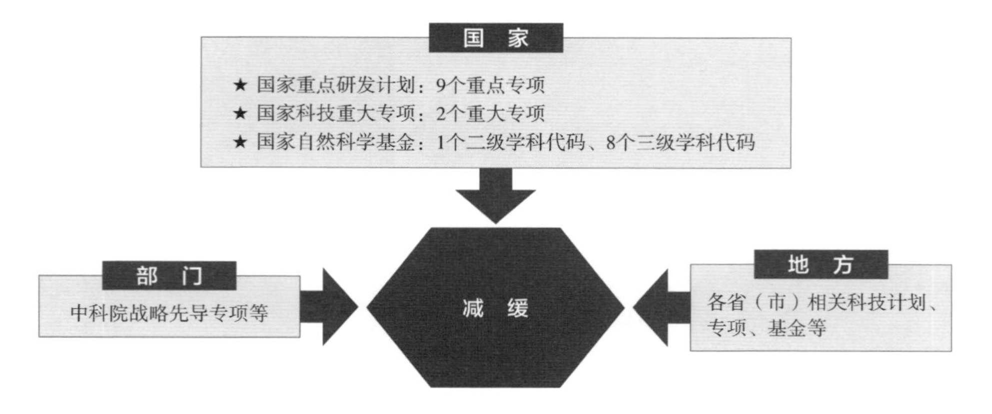

（四）相关部门及地方开展的科技行动

相关部门及地方在推动相关技术成果服务减排目标实现方面，积极开展了发布推广技术清单、技术汇编、技术指南，推进编制相关标准，建设绿色技术银行等一系列行动，并大力加强应对气候变化科普宣传。

为了加快转化应用与推广工程示范性好、减排潜力大的低碳技术成果，引导企业采用先进适用的节能与低碳新工艺和新技术，推动相关产业的低碳升级改造，科技部发布了第一批和第二批《节能减排与低碳技术成果转化推广清单》，包括能效提高技术 26 项、废物和副产品回收再利用技术 19 项、清洁能源技术 3 项、温室气体消减和利用技术 5 项。

为了综合治理大气污染，科技部实施了“蓝天科技工程”国家科技重点专项，联合北京市人民政府、环境保护部启动了“首都蓝天行动”，集中支持首都地区开展煤炭燃烧排放、餐厨排放、雾霾监测预警等技术攻关与应用。编制了《大气污染防治先进技术汇编》，汇集了 89 项关键技术及 130 余项相应案例成果。

为支持新兴光伏产业发展，科技部和财政部支持了 362 个项目，涉及中央财政资金 111 亿元，累计装机规模 1311 兆瓦。

为了规范和指导二氧化碳捕集、利用与封存项目的环境风险评估工作，2016 年 6 月，生态环境部（当时的环境保护部）发布了《二氧化碳捕集、利用与封存环境风险评估技术指南（试行）》。

为了加快低碳技术的推广应用，促进中国控制温室气体行动目标的实现，国家发展改革委先后于 2014 年 8 月、2015 年 12 月、2017 年 3 月发布了《国家重点推广的低碳技术目录》（第一批）、《国家重点推广的低碳技术目录》（第二批）和《国家重点节能低碳技术推广目录》（2017 年本，低碳部分）。国家标准委已批准发布 16 项碳排放管理国家标准，涉及发电、钢铁、水泥等重点生产企业温室气体排放核算与报告要求（生态环境部，2018）。

地方层面，上海比较典型，将科技创新作为应对气候变化的重要手段，形成由科技部门牵头负责，相关机构及各行业广泛参与的应对气候变化科技管理体制和工作机制。同时，对接国家战略，积极参与“绿色技术银行”建设，组织开展绿色技术转移转化机制研究，举办绿色技术银行高峰论坛，从政、产、学、研、用多视角多维度汇智汇策，破解瓶颈。

此外，各省（区、市）加强节能低碳宣传引导，提高公众应对气候变化意识。各地充分利用全国低碳日、节能宣传月、科技活动周等时机，大力宣传文明、节约、绿色、低碳理念，组织开展科技活动，利用电视、微博、微信、声讯等媒体手段，多渠道开展包括应对气候变化内容在内的科普宣传活动，针对低碳节能、土地保护、水资源保护、森林保护、空气质量等与百姓生活密切相关的热点问题，采取多种形式开展科普知识宣传，提高公众的科技素养，为应对气候变化厚植人文基础。

二、科技任务的行动和效果

（一）科技产出及水平

2008 年以后，中国在应对气候变化技术领域的文献数量飞速增长，由 2008 年的 48 篇增长至 2018 年的 268 篇，年均增长率为 22.36%，远高于其他国家，并于 2010 年超过了德国和澳大利亚，位居世界第三，紧接着在 2014 年超过了英国，位居世界第二，仅次于美国。[①] 中国作者在政府间气候变化专门委员会第五次评估报告第一工作组自然科学基础

① 汪航、曾膑、仲平等：《应对气候变化技术的文献计量分析》，《中国人口•资源与环境》2018 年第 12 期，第 1—8 页。

部分作出重要贡献，参与撰写的中国作者占作者总数的 7%，中国作者论文被评估报告引用 415 篇，占总引文数的 3.9%，比第四次评估周期提高约一倍。中国自主研发的 5 个气候模式被纳入报告，表明中国已成为发展中国家中唯一有模式开发能力的国家。[①]2018 年，国际最权威的学术刊物之一《美国国家科学院院刊》（PNAS）以专辑形式全面、系统地发表了中国科学院“应对气候变化的碳收支认证及相关问题”（简称“碳专项”）之生态系统固碳项目的研究成果，这不仅是中国首次、亚洲首次，在国际上也十分少见，彰显了中国科学家在碳循环、全球变化、生态系统生态学等领域的国际地位，体现了中国科学家在该领域的研究从跟踪和并行到领跑的飞跃。[②]

（二）重大进展和成效

在自然科学基础领域，2016 年 12 月中国成功发射全球二氧化碳科学实验卫星（简称“碳卫星”），填补了在温室气体监测方面的技术空白，使中国掌握到第一手二氧化碳监测数据。建立异常大风、降水对中国近海生态环境影响的准业务化试运行的预评估系统和示范海湾的决策支持系统，完善了北极海冰业务预报系统。建立基于卫星遥感的陆源入海碳通量与扩散的动态监测示范系统。加强卫星雷达立体监测产品分析与应用，提高环境气象预报精细化水平。在国家重点研发计划“全球变化及应对”重点专项的支持下，中国科学院遥感与数字地球研究所刘良云研究员团队攻克了叶绿素荧光卫星反演算法关键技术，并成功应用于

---

① 何霄嘉、郑大玮、许吟隆：《中国适应气候变化科技进展与新需求》，《全球科技经济瞭望》2017 第 2 期，第 58—64 页。

② 《中科院发布中国陆地生态系统碳收支研究系列重要成果》，中国政府网 2018 年 4 月 18 日，http://www.gov.cn/xinwen/2018-04/18/content_5283619.htm。

碳卫星，获得了碳卫星首幅全球叶绿素荧光反演图，实现了国产卫星叶绿素荧光遥感产品从无到有的突破。2016—2018 年度，应对气候变化自然科学基础领域相关的国家科学技术奖有国家自然科学奖二等奖 2 项、国家技术进步奖二等奖 5 项。其中，“亚洲季风变迁与全球气候的联系”从地球系统科学的视角，将亚洲古季风研究拓展为多尺度与多动力因子和区域与全球相结合的集成研究，极大地推动了与季风相关的全球变化科学的发展。“航空航天遥感影像摄影测量网格处理关键技术与应用”以核心技术为基础，研制出中国首套完全自主知识产权的航空航天遥感影像数字摄影测量网格处理系统（DPGrid），彻底打破了国际软件的垄断地位。“全球 30 米地表覆盖遥感制图关键技术与产品研发”攻克了高分辨率全球地表覆盖遥感制图的系列核心关键技术，实现了在该领域的跨越式发展，有力地提升了中国测绘遥感的国际影响力。“空间高动态卫星精密定位及其综合测试理论与关键技术及重大应用”打破了国际技术封锁，有力保障了中国历次空间交会对接任务的圆满完成，为未来中国空间站的建设和运营奠定了重要的技术基础，为中国北斗全球系统建设提供了电离层延迟广播修正模型及实施方案，显著提升了系统的导航定位性能，为中国北斗系统建设及产业化、大气海洋星座探测、空间天气业务化等重大任务的实施提供了相关核心技术。地球系统模式研制工作进一步加强，全球模拟性能方面达到全球领先水平；实现了 10 米级别分辨率的全球地表覆盖制图，建立了“全球陆地均一化气温数据集”等多种数据集产品；初步形成了中国面向全球变化研究的观测体系。同时也要看到，在全球尺度的研究方面，中国在数据处理、研究方法等方面都与发达国家存在差距，如中国尚没有建立公认的全球数据集，[①] 未

① 巢清尘：《国际气候变化科学和评估对中国应对气候变化的启示》，《中国人口 • 资源与环境》2016 第 8 期，第 6—9 页。

来应加强不同学科和交叉领域的研究，同时注重基础科学研究成果的转化。

在影响与适应领域，基于最新的温室气体排放情景（RCPs），综合评估未来气候变化的风险，绘制了气候变化风险格局分布图，以未来气候变化风险为基础，识别并划分气候变化的敏感区、极端事件的危险区、承险体的风险区，完成中国综合气候变化风险区划方案，为相关行业和区域应对气候变化与实现可持续发展提供了重要的科技支撑。阐明了内陆河流域山区水库—平原水库群多目标调节反调节机制。建立了相对完善的适应气候变化的信息平台和决策系统，建立了适应气候变化行动实施的方法学体系，适应气候变化能力建设得到大力提升。2016—2018年度，应对气候变化影响与适应领域相关的国家科学技术奖有国家技术进步奖一等奖1项、二等奖2项。其中，“生态节水型灌区建设关键技术及应用”解决了灌区“灌溉高效、排涝防渍、水肥节约”等水利功能与“面源截留、水质改善、环境优美、生物多样”等生态功能耦合的关键技术难题，在技术创造性、新颖性、实用性和功能综合性等方面取得原创性突破。“中国节水型社会建设理论、技术与实践”开展了节水型社会建设“基础研究—技术突破—实践应用”的全链条创新，提出了节水型社会建设的实践技术路径。“气候变化对区域水资源与旱涝的影响及风险应对关键技术”在中国水资源演变规律、变化机理、变化趋势预测等方面取得了一系列重要的新认知，形成了新一代水资源调控、防汛抗旱实用技术。

与适应气候变化的巨大需求相比，中国一些重要领域适应气候变化科技创新仍未取得实质性突破，在一些重大科研问题上缺乏话语权，如极端天气预报预警、全球变化监测、气候风险管理等。[①] 关于脆弱性、影响、

① 许端阳、王子玉、丁雪等：《促进适应气候变化科技创新的政策环境研究》，《科技管理研究》2018第2期，第14—18页。

适应和发展的自然科学和社会科学的交叉综合评估方面的研究明显不足，定量化风险评估水平尚弱，适应与减缓的相互联系、成本和协同作用，适应的机遇和限制因素，有序适应机制和定量适应措施以及适应气候变化经济学评估等方面的研究比较落后。[①]未来应加大研发投入，优化研发布局，聚焦重点领域、区域、重大工程，进一步完善技术清单和信息服务平台，加强气候风险评估与气候可行性论证，提升适应标准，加强对适应技术研发与应用的引导，并围绕“一带一路”倡议实施，广泛开展国际合作。

在减缓领域，中国长期以产能推动低碳产业发展。在太阳能产品和生产装备制造、风力发电机组及零部件制造、太阳能发电运营维护等产业，专利申请量均突破了10000件。[②]百万千瓦级超超临界二次再热机组、25万千瓦IGCC示范电厂大幅提高了火力发电能效。攻克了世界领先的300米级特高拱坝、深埋长引水隧洞群等技术，显著提高了水电工程和装备水平。核电技术步入世界先进行列，形成自主品牌的CAP1400和华龙一号三代压水堆技术，正在建设具有第四代特征的高温气冷堆示范工程。国际领先的特高压输电技术开始应用，±1100千伏直流输电工程开工建设。目前，中国可再生能源装机容量占全球总量的24%，新增装机容量占全球增量的42%，是世界节能和利用新能源、可再生能源的第一大国，可再生能源等产业发展迅速。[③]中国电力结构持续优化，非化石电源发展明显加快。2020年，清洁能源消费量占能源消费总量的比重达到24.3%。一批重点工业低碳关键共性技术取得突破，新一代可循环钢

① 巢清尘：《国际气候变化科学和评估对中国应对气候变化的启示》，《中国人口·资源与环境》2016第8期，第6—9页。

② 蒋佳妮、王灿：《低碳技术国际竞争力比较与政策环境研究》，北京：社会科学文献出版社，2017年，第5—7页。

③ 刘长松：《改革开放与中国实施积极应对气候变化国家战略》，《鄱阳湖学刊》2018年第6期，第21—27页。

2021 年 1 月 30 日，全球首台“华龙一号”核电机组福建福清核电 5 号机组投入商业运行。这标志着中国在三代核电技术领域跻身世界前列，成为继美国、法国、俄罗斯等国家之后真正掌握自主三代核电技术的国家。

铁流程工艺技术使洁净钢生产线平均节约 50 万吨标准煤，自主研发成功全球首条全系列 600kA 铝电解槽，能耗指标达到行业最低。新能源汽车在技术开发和产业发展方面取得了重要进展，新能源汽车产业规模位居世界第一。超低能耗、近零能耗科技创新能力不断提高，已在全国 20 个省（区、市）建设覆盖不同气候区、不同类型的绿色建筑示范工程。稳步推进二氧化碳捕集、利用与封存（CCUS）技术的研究和试验示范，全面铺开低碳试点工作。据初步统计，截至 2020 年底，全国已建成或运营的万吨级以上 CCUS 示范项目 18 个，低碳省市试点总数达 87 个（6 个试点省区，81 个试点城市），全国 31 个省（区、市）中，每个地区至少有一个低碳试点城市。

2016—2018年度，应对气候变化影响与适应领域相关的国家自然科学奖、国家技术发明奖、国家技术进步奖合计30项。其中，“250MW级整体煤气化联合循环发电关键技术及工程应用”首次提出了粉煤气化合成气化学激冷理论，发明了两段式干煤粉加压气化技术，研制出世界上首台2000吨/天级两段式干煤粉加压气化装置，创建了中国具有自主知识产权的IGCC（整体煤气化联合循环发电系统）系统设计、协调控制和动态运行技术体系，研制出中国第一座250MW级IGCC电站，实现了国内IGCC零的突破。“压水堆核电站核岛主设备材料技术研究与应用”填补了国内外核岛主设备材料技术空白，创新技术处于国际领先水平，彻底实现了中国百万千瓦压水堆核岛主设备材料技术自主化，显著提升了国家高端装备制造业核心能力，为中国成为世界核电技术和产业中心奠定了坚实基础。“深海天然气水合物三维综合试验开采系统研制及应用”研发出世界首套专用于天然气水合物开采技术研究的三维成套大型设备，解决了天然气水合物开采及控制难度大等关键技术瓶颈，发明了开采天然气水合物的关键技术。“高效低风速风电机组关键技术研发和大规模工程应用”在低风速风电机组设计、制造、控制、运行四个领域取得重大创新突破，推动了中国风电行业技术进步和风电装备制造品质的提升，实现了中国低风速风电技术全球引领。[①]

虽然中国能源科技水平有了长足进步和显著提高，但与国际领先水

① 《2016年度国家科学技术进步奖项目名单》，科学技术部网站，http://www.most.gov.cn/ztzl/gjkxjsjldh/jldh2016/jldh16jlgg/201701/t20170105_130203.htm；《2017年度国家科学技术进步奖获奖项目目录》，科学技术部网站，http://www.most.gov.cn/ztzl/gjkxjsjldh/jldh2017/jldh17jlgg/201801/t20180103_137374.htm；《2018年度国家科学技术进步奖获奖项目目录及简介》，科学技术部网站，http://www.most.gov.cn/ztzl/gjkxjsjldh/jldh2018/jldh18jlgg/201812/t20181226_144348.htm。

平相比还有一定的差距，核心技术缺乏，关键装备及材料依赖进口问题比较突出，产学研结合不够紧密，企业的创新主体地位不够突出。[①] 当前，低碳能源新技术与现代信息、材料和先进制造技术正不断深度融合，能源技术进步与创新正成为全球价值链重构的重要竞争制高点。未来，应加强新能源技术的研究和产业化应用（如电动汽车、智能电网、绿色建筑、智能交通、CCS 等）、储能和智能电网技术的研发与产业化、新能源技术与人工智能的深度融合，同时，应对气候变化还需要关注各领域技术的均衡进展。[②]

在支撑国际谈判及战略研究方面，开发系列减缓气候变化研究模型平台，实现了能源系统变革、低碳发展优化路径、协同控制等多目标研究的集成模拟，支撑了国家关于 2020 年碳排放强度下降 40%—45% 以及 2030 年碳排放达到峰值的重大决策。以多边进程为基础，积极发挥大国引领作用，促成了《巴黎协定》的达成、签署和生效。建立省区分解模型，提出国家碳排放目标省区分解方法，完成《国家碳排放总量控制制度与地区分解落实机制方案建议》，有效支撑了国家节能减排与控制温室气体排放工作。但是，对于支持 2060 年碳中和目标实现，还需要深入的战略研究。

---

① 蒋佳妮、王灿：《低碳技术国际竞争力比较与政策环境研究》，北京：社会科学文献出版社，2017 年，第 5—7 页。

② 王文涛、滕飞、朱松丽等：《中国应对全球气候治理的绿色发展战略新思考》，《中国人口·资源与环境》2018 第 7 期，第 1—6 页。

第三节
应对气候变化领域中国政府与社会的互动

应对气候变化不仅要求生产方式低碳化，也要求消费方式低碳化。中国是地理大国、人口大国，要实现低碳化，必须有充分的地方行动与公众参与。[①] 目前，中国基本上形成了从中央到地方的纵向引导—响应、目标约束—自主创新行动格局，囊括国民经济社会各个生产、消费、思想、活动领域的行业更新升级格局，以及公众广泛参与格局。

一、试点先行

为积极探索现阶段既发展经济、改善民生，又应对气候变化、降低碳强度、推进绿色发展的做法和经验，2010 年 7 月，国家发展改革委发出通知，在全国开展国家低碳省区和低碳城市试点。这是落实中国 2020 年控制温室气体排放行动目标的重要举措，也是中国以试点、示范区为跳板，深化探索低碳、绿色可持续发展和应对气候变化模式，加强制度

① 厉以宁：《经济低碳发展符合新常态》，《光明日报》2014 年 12 月 29 日。

创新的新起点。此后，逐步建立起包括低碳省区、低碳城市、低碳园区、低碳社区、低碳商业试点、低碳交通运输体系建设城市、绿色低碳重点小镇和国家循环经济示范城市（县）在内的多样性试点制度。

低碳省区和城市方面，中央政府统筹考虑各地方的工作基础和试点布局的代表性，确定广东、辽宁、湖北、陕西、云南五省和天津、重庆、深圳、厦门、杭州、南昌、贵阳、保定八市为首批试点。各地区都成立了低碳试点工作领导小组，积极编制低碳发展规划，提出了本地区“十二五”时期和2020年碳强度下降目标。为此，制定了支持低碳绿色发展的配套政策，加快建立以低碳排放为特征的产业体系，建立温室气体排放数据统计和管理体系，积极倡导低碳绿色生活方式和消费模式。

第一批“五省八市”低碳试点取得积极进展，2012年，国家又确定在北京市、上海市、海南省和石家庄市等29个省市开展第二批低碳省区和低碳城市试点工作。各试点地区积极明确确立控制温室气体排放目标责任制，编制低碳发展规划，探索适合本地区的低碳绿色发展模式；部分试点地区还提出了温室气体排放总量控制目标和排放峰值年目标。截至2017年7月，开展低碳社区试点的省份达到27个，省级低碳社区试点总量超过400个，其中多数省（区、市）编制了低碳社区试点实施工作方案。

低碳产业试验园区、低碳社区和低碳商业试点的方案于2011年正式提上国家发展改革委的研究议程。在相关研究的基础上，工业和信息化部、国家发展改革委于2012年组织研究开展低碳工业试验园区试点工作，研究制定相应的评价指标体系和配套政策。到2013年，第一批55家园区已经通过评审并正式纳入试点。

低碳交通运输体系建设城市试点亦于2011年正式启动。交通运输部以公路、水路交通运输和城市客运为主，选定了天津、重庆、深圳、厦门、杭州、南昌、贵阳、保定、无锡、武汉等10个城市开展首批试点。

2014 年 6 月 10 日，以“低碳发展——有质量的城镇化之路”为主题的第二届深圳国际低碳城论坛拉开序幕，“2014 低碳中国行”也同时启动。

2012 年 2 月，又选定北京、昆明、西安、宁波、广州、沈阳、哈尔滨、淮安、烟台、海口、成都、青岛、株洲、蚌埠、十堰、济源等 16 个城市为第二批试点城市。至此，中国总共启动了 26 个甩挂运输试点项目、40 个甩挂运输场站建设，推进以天然气为燃料的内河运输船舶试点，开展原油码头油气回收试点。此外，组织开展了低碳交通城市、低碳港口、低碳港口航道、低碳公路建设等评价指标体系研究。

财政部、住房和城乡建设部和国家发展改革委于 2011 年启动了绿色低碳重点小城镇试点示范工作，选定北京市密云县古北口镇、天津市静海县大邱庄镇、江苏省苏州市常熟市海虞镇、安徽省合肥市肥西县三河镇、福建省厦门市集美区灌口镇、广东省佛山市南海区西樵镇、重庆市巴南区木洞镇等 7 个镇为第一批试点示范绿色低碳重点小城镇。各试点示范镇都根据本地经济社会发展水平、区位特点、资源和环境基础，分类探索小城镇低碳发展模式。

“十三五”以来，国家低碳省市试点继续深化，低碳工业园区、低碳社区、低碳城（镇）等试点工作扎实推进，各地区以及工业、建筑、交通等行业也从不同层次、不同方面积极探索各具特色的低碳发展路径和模式，全社会应对气候变化和低碳发展意识不断提高。国家发展改革委组织开展了对第一批和第二批低碳省区和低碳城市试点经验的总结评估。评估结果显示，各试点省市积极创新，因地制宜开展了低碳发展实践工作，在加强组织领导、落实低碳理念、探索制度创新、完善配套政策、建立市场机制、健全统计体系、强化评价考核、协同试点示范和开展合作交流等方面形成了一批可复制可推广的经验做法，成为国家重大低碳政策落地的排头兵。部分地区开展了碳交易、低碳产业园区、低碳城（镇）、低碳产品认证的试点，大多数试点城市已经提出了碳排放达峰目标，积极探索经济发展和碳排放脱钩的路径。2017 年 1 月，国家发展改革委确定在内蒙古乌海市等 45 个城市（区、县）开展第三批低碳城市试点，低碳省市试点总数达到 87 个。

除了中央部门确定的示范试点以外，各地也积极自主推进试点示范，形成了不少好的经验和做法。四川省确定成都、广元、宜宾、遂宁、雅安等市为省级低碳试点城市，积极探索具有本地特色的低碳发展模式。安徽省安排专项资金用于支持省内 9 个园区、社区等综合性低碳示范基地建设。山东省则设立了建筑节能与绿色建筑发展资金、新能源产业资金、新能源汽车补贴等一系列低碳发展类专项资金，着力支持建筑节能、工业降耗、新能源产业发展等重点行业和领域的低碳试点示范建设。截至 2017 年 7 月，开展低碳社区试点的省份达到 27 个，省级低碳社区试点总量超过 400 多个，其中多数省（区、市）编制了低碳社区试点实施工作方案。

二、中央约束与地方落实

为加快推进绿色低碳发展，确保完成“十三五”规划纲要确定的低碳发展目标任务，推动中国二氧化碳排放 2030 年左右达到峰值并争取尽早达峰，2016 年 10 月，国务院印发了《“十三五”控制温室气体排放工作方案》（以下简称“《控温方案》”），明确要求将全国碳强度下降约束目标分解到省级区域，要求各省（区、市）将大幅度降低二氧化碳排放强度纳入本地区经济社会发展规划、年度计划和政府工作报告，制定具体工作方案。

从 2016 年 8 月至 2017 年 6 月，共有 18 个省（区、市）发布了省级“十三五”控制温室气体排放工作方案或相关规划，其中 16 个省（区、市）发布了工作方案，2 个直辖市发布了规划。截至 2018 年 4 月，31 个省（区、市）的方案 / 规划均已发布。

各地的方案 / 规划都包含了控制温室气体排放的目标、相关要求、具体任务和保障措施，但对一些重点工作，尤其是峰值目标、碳排放总量控制目标设置，以及增加资金投入、强化基础能力建设、推动制度创新等的安排则显得不足。具体来说，有以下特点：

第一，排放达峰目标部分缺失。只有北京、天津、重庆、甘肃根据本地区的产业发展状况、城镇化进度以及低碳发展的进程，提出了各自的碳排放达峰时间。

第二，碳排放总量控制缺乏量化目标，大多采用“碳排放总量得到有效控制”的措辞。

第三，碳强度控制目标得到落实。《控温方案》明确提出的碳强度目标是“到 2020 年，单位国内生产总值二氧化碳排放比 2015 年下降 18%”，并对各地方提出具体要求。总体看来，各地方案中设定的目标均与国家分配的指标一致。

第四，能源总量和强度“双控”目标较为明确。各地方都提出了加强能源消费总量和强度控制要求，河北、四川、上海等提出了具体的能源消费总量控制目标，广东、安徽、天津、北京还进一步提出了煤炭消费总量控制目标。能源强度控制方面，各省（区、市）设定的目标基本与《控温方案》中给出的分解目标一致。

第五，能源结构优化目标差异较大。《控温方案》提出要“加快发展非化石能源，优化利用化石能源，到 2020 年非化石能源比重达到 15%、天然气占能源消费总量比重提到到 10% 左右”。由于能源结构、可再生能源开发潜力不同，各地的目标值差异较大。

第六，产业结构调整目标预期不同。《控温方案》中提出产业结构调整的主要方向是积极发展战略性新兴产业和大力发展服务业，并提出“2020 年战略性新兴产业增加值占国内生产总值的比重力争达到 15%，服务业增加值占国内生产总值的比重达到 56%”。在这方面，有的地区提出了明确目标，比如，上海提出了服务业占比到 2020 年达到 67% 的目标；有的地区则未提出明确目标，比如北京、四川。

第七，森林碳汇目标约束明确。《控温方案》对提高森林碳汇设定了明确目标，即“到 2020 年，森林覆盖率达到 23.04%，森林蓄积量达到 165 亿立方米”。大多数省（区、市）都提出了森林覆盖率目标和森林蓄积量增长率目标，其中，森林覆盖率目标值较高的是福建、江西、广东、贵州、云南，均超过 60%，蓄积量增长率目标值较高的依次是云南（19.01%）、四川（18%）、吉林（10.4%）。

目前，各省（区、市）配套措施都已基本到位。各地区在加强组织领导和做好宣传引导工作方面的安排基本类似。在强化目标责任考核方面，各地区都将省级碳排放目标分解落实到了区县，甘肃省还以附件的形式详

青海省持续推动绿色低碳循环发展，“十三五”时期（2016—2020）该省碳排放强度降幅居全国首位。图为青海群众在碳中和纪念林植树。

细规定了强化碳排放强度控制目标的考核评估办法、指标、评分细则，北京市则进一步对重点企业的碳排放作出了具体规定。在加大资金投入方面，各地区都提出要加大资金投入和拓宽融资渠道，其中，贵州、上海等地已建立应对气候变化专项资金，天津、河南等地建立了节能专项资金，辽宁、吉林、安徽、江西、青海等地则提出积极申请并利用中国清洁发展机制基金。

在落实地方控温方案过程中，各地区都致力于以低碳引领能源革命、打造低碳产业体系、推动城镇化低碳发展、加快区域低碳发展、建设和运行全国碳排放权交易市场、加强低碳科技创新、强化基础能力和广泛开展国际合作。就具体路径手段而言，大致有 4 种：通过近零碳排放试点或示范工程推动区域低碳发展，比如北京；采取因地制宜的措施开展低碳扶贫，比如广东；出台或完善本地区内部碳排放交易管理办法，甚至设想建立跨区域碳排放统一交易体系，比如上海；完善气候变化相关法规规章和标准以强化治理能力，比如重庆。

三、国家立意与绿色城市建设创新

推动绿色低碳转型和能源消费革命，城镇是重镇。习近平总书记特别强调“高度重视城镇化节能，树立勤俭节约的消费观，加快形成能源节约型社会”。中国正在建设的“管廊城市”“海绵城市”“低碳城市”，都是增加城市气候包容性发展的重要抓手。

“减缓”和“适应”是应对气候变化的两大对策，缺一不可。“适应”是通过调整自然系统和人类系统，以应对实际发生的或预估的气候变化及其影响，其本质是调整行为，核心是趋利避害。相较于“减缓”而言，“适应”更强调人类经济社会活动必须在自然规律之下进行，尊重自然、顺应自然、保护自然，实现人与自然的和谐发展。

城市是自然、经济、社会复合系统，气候变化的结果和城市的敏感性都对城市存在潜在的影响。为了应对气候变化引发的城市风险，国际社会提出了建设“韧性城市”的理念。2015 年以来，中国先后启动了海绵城市、气候适应型城市试点，旨在提升城市系统应对各种外部风险冲击的能力，包括经济风险和灾害风险等。

2016 年 2 月，国家发展改革委、住房和城乡建设部共同印发《城市适应气候变化行动方案》，明确了开展城市适应气候变化行动的指导思想和基本原则，提出了目标愿景、重点任务和保障措施，第一次提出了“气候适应型城市”这一概念。

2017 年 2 月，国家发展改革委、住房和城乡建设部联合出台了《关于印发气候适应型城市建设试点工作的通知》，启动了气候适应型城市建设试点工作。综合考虑气候类型、地域特征、发展阶段和工作基础，确定将内蒙古呼和浩特等 28 个地区作为气候适应型城市建设的试点，具体包括东北地区 2 个、华东地区 1 个、华中地区 7 个、西北地区 8 个、华东地区 5 个、华南地区 2 个、西南地区 3 个。文件还明确了强化城市适应理念、提高监测预警能力、开展重点适应行动、创建政策实验基地、打造国际合作平台等重点任务。

气候适应型城市主要针对气候变化引发的灾害风险，强调科学评估气候风险、制定适应规划，提升城市系统的前瞻性、系统性适应气候变化的能力，其中包括绿色建筑、防灾减灾、生态系统、低碳技术等多个领域。在各个地理区域设立试点，有助于在因地制宜，根据“一城一策”原则实施分门别类的适应方案的同时，针对城市面临的共性问题、总结城镇化与应对气候变化的关联性，推广好的经验做法，发挥示范带动作用。但总体看来，适应气候变化问题尚未纳入中国城市规划建设发展的重要议事日程，仍存在认识不够、基础不实、体制机制不健全等问题，适应行动仍存在“碎片化”“项目化”现象，适应意识和能力亟待加强。

对中国大多数城市而言，暴雨、洪涝、干旱等灾害并存，对城市水安全造成重大影响。为此，中国气象局与住房和城乡建设部联合，继续开展城市暴雨评估，新增了 146 个城市暴雨共识修订和暴雨雨型编制；开展极端事件对城市影响的评估，印发了《城市气象防灾减灾体系和公共气象服务体系建设纲要》；还开展了城市内涝风险普查，共查出隐患点 3290 个。

水安全问题是系统性、综合性问题，亟须综合时间尺度和空间维度的系统性治理策略，除了科学的问题识别、系统的建设规划以外，还需要严格的节水行动、有效的雨水管理，以及合理而连贯的建设标准。

节水方面，《中共中央国务院关于进一步加强城市规划建设管理工作的若干意见》《国民经济和社会发展第十三个五年规划纲要》《国务院关于印发水污染防治行动计划的通知》等文件均对全面推进城镇节水工作提出了相关要求。《城镇节水工作指南》明确提出要加快城镇节水改造，制定节水改造实施方案，尽快梳理节流工程、开源工程、循环循序利用工程等建设任务。《绿色建筑评价标准》（GB/T50378）也提出节水与水资源利用，要求制定水资源利用方案，对防治管网漏损、防超压出流、节水器具使用等节水要求作出明确引导和技术要求。在执行最严格的节水行动的同时，还通过合理开发利用雨水、再生水等非常规水资源，构建水资源合理配置格局。

雨水管理方面，2015 年以来中国确立了 30 个海绵城市试点。[①] 海绵城市主要针对暴雨和水资源的单一风险要素，强调以生态型雨洪管理措施替代传统工程性措施，一改过去水系统快排模式，综合采取“渗、滞、蓄、净、用、排”等措施，通过下垫面的改善增加了下渗减排和继续利用，将 70% 的降雨就地消纳和利用，通过绿色基础设施和灰色基础设施的双重作用，提高城市水系统的安全性和适应力，以此最大限度地减少城市开发对生态环境的影响，提升沿海和内陆城市的综合水安全能力。

许多非试点的城市也在有战略、有计划地推进海绵城市建设。作为全国经济总量排名第六的省会城市，湖南长沙为了完成市“十三五”规划提出的建设 5000 万以上人口特大城市格局的目标，落实“生态长沙、品质长沙”的理念，主动出台了《关于全面推进海绵城市建设的实施意见》，决心在 2020 年使 20% 的城区达到国家海绵城市的要求。长沙创造性地提出了“海绵社区”的概念，将海绵城市建设分解到无数个社区子单元中，建设低影响开发绿地系统，其中包括生态屋顶、雨水收集、下凹式绿地、生态滤池 / 雨水花园、雨水景观池、生态湿地等，以蓄积和迟滞雨水，减轻社区雨水外排压力、雨污处理压力和水资源供给压力，建成社区内部生态循环体系。

---

① 海绵城市与适应型城市的试点有 8 个重合。

河北省迁安市是全国首批 16 个“海绵城市”建设试点中唯一一个县级市。自海绵城市建设以来，该市的城市内涝得到有效根治，粗放消耗型生态向绿色低碳型生态跨越升级。

有中国学者总结海绵城市的经验，并结合欧盟的相关研究，提出了气候变化视角下中国城市水安全保障系统的建构框架。

建设标准方面，为进一步推进气候适应型和海绵城市建设，做到“有规可依”，住房和城乡建设部于 2015 年 10 月启动了“制定 1 项国家（或行业）标准、修编 10 项标准”的工作。其中，制定的新标准为《海绵城市建设评价标准》，修编的标准包括《城市用地竖向规划规范》（CJJ83-99）、《城市排水工程规划规范》（GB50318-2000）、《城市水系规划规范》（GB50513-2009）、《城市居住区规划设计规范》（2000 版）（GB50180-93）、《建筑与小区雨水利用工程技术规范》（GB50400-2006）、《城市道路工程设计规划》（CJJ37-2012）、《公园设计规范》（CJJ48-92）、《城市绿地设计规范》（GB50420-2007）、《绿化种植土壤》（CJ/T340-2011），以及《室外排水设计规范》（GB50014-2006）。

图 14 气候变化视角下的城市水安全保障系统构建框架

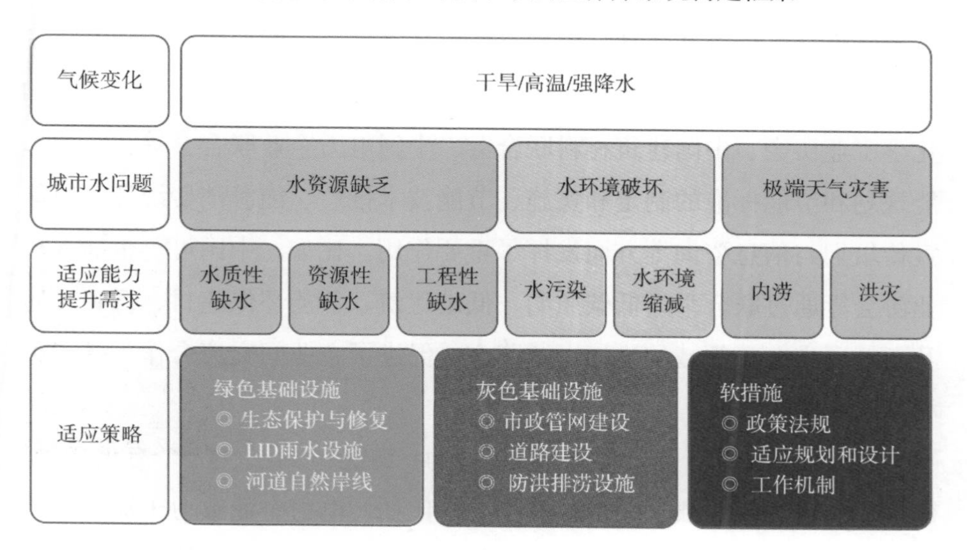

资料来源：田永英：《气候适应型城市水安全保障系统建构策略》，王伟光、刘雅鸣等编：《应对气候变化报告（2017）》，社会科学文献出版社，2017 年，第 114—124 页。

四、政策导向与行业响应

耗能行业和高耗能企业也响应政府动员，广泛参与应对气候变化行动。早在 2001 年，国家发展改革委环境与资源司就印发了《万家企业节能低碳行动实施方案》，明确“十二五”期间，“万家企业实现节能约 2.5 亿吨标准煤，建立健全企业节能目标奖惩机制，探索建立重点耗能企业节能量交易机制”等内容。中国政府还采取了强有力的法律和政策手段，重新修改了《节能法》和《可再生能源法》，对节能和新能源制定了一系列经济激励措施。

在动员企业的过程中，行业协会发挥了很好的协调、动员作用。中国钢铁工业协会与全国总工会组织开展了全国重点大型耗能钢铁生产设备节能降耗对标竞赛活动。中国节能协会等举办气候变化与低碳经济发展媒体高层论坛。中国煤炭协会、中国有色金属工业协会、中国石油和化学工业协会、中国建筑材料联合会、中国电力企业联合会等在行业节能规划和节能标准的制定和实施、节能技术推广、能源消费统计、节能宣传培训与信息咨询等方面发挥了重要作用。比如，中国可再生能源行业协会等通过联合举办低碳照明、低碳建筑、节能环保建材、低碳交通及新能源汽车等领域的论坛、博览会，促进了企业间交流合作，推动了相关产业快速发展。

在政府引导、行业协会支持下，电力、钢铁、石化、建材、有色金属、建筑、交通等行业都采取了积极行动。比如，电力企业致力于提高技术水平、优化电源结构；推动管理和制度创新、优化资源配置；积极开展发电权交易，以推动在更大范围内降低发电能耗和污染排放，实现电力市场化发展。钢铁行业进一步加大节能减排工作力度，落实国家《关于进一步加大节能减排力度加快钢铁工业结构调整的若干意见》《钢铁产业调整和振兴规划》，加快产业结构调整步伐，加快兼并重组步伐，并推进产业升级、技术改进。建筑运行能耗约占中国全社会能耗的 30%，所以节能空间较大、潜力较深。2009 年以来，建筑行业致力于强化节能标准，加大既有建筑改造力度，推进公共建筑节能，节能工作扎实推进。

“十三五”以来，中国企业继续积极践行绿色、低碳发展理念，贯彻国家节能减排降碳的相关政策。耗能行业和高耗能企业广泛参与碳价稳定合理、运行正常高效的市场机制。大型能源企业继续开展碳捕集、利用和封存（CCUS）技术研究和试点示范，例如 2017 年华润和中英广东中心联合启动了华润电力海丰电厂碳捕集测试平台项目。传统企业积极优化产业结构，如中国石油化工集团公司积极推动合同能源管理；积

目前，中国的绿色建筑面积占城镇新建民用建筑面积比例已超过 40%。图为山东省青岛市中德生态园技术中心的超低能耗建筑。

极推进节能优先，如中央发电企业积极开展燃煤发电机组节能升级改造；积极推进低碳技术研究，如石油石化企业开展“低碳关键技术研究”重大科技研究，发电企业积极开展 CCUS 技术研发和工程应用；稳步推进应对气候变化基础能力建设，如中国移动通信集团公司按照碳排放信息披露的要求，组织建立碳排放核算体系。

企业行业的积极主动行为，构成中国减缓气候变化、兑现国际承诺、实现经济发展低碳化和绿化的中坚力量。

五、政府引导与社会行动

中国政府十分重视积极引导社会，通过多种途径提高公众的环境意识，培养公众应对气候变化的能力素质，动员公众积极参与到应对气候变化的行动之中。

首先,在公众宣传方面。从2008年开始,中国政府每年都编写出版《中国应对气候变化的政策与行动》，全面介绍中国在应对气候变化领域的政策与进展。此外，利用世界环境日、世界气象日、世界地球日、世界海洋日、世界无车日、全国防灾减灾日、全国科普日等主题日开展宣传活动，提升公众的气候变化意识。

其次，知识普及方面，相关机构组织编写并出版了一系列气候变化及气象灾害防御的科普宣传画册和宣传短片，利用平面、网络和影视媒体进行气候变化科普宣传；组织开展“节能宣传周”“气候变化与健康”专项宣传，举办“气候变化与人类健康科普展览”“中国国际节能减排和新能源科技博览会”等系列活动，以普及节能减排与气候变化知识。此外，利用气候变化进社区、进公交、进学校、进农村等活动，开展“社区千家家庭碳排放调查及公众教育项目”，举办“技术开发与转让高级别会议”、“关注气候变化：挑战、机遇与行动”论坛，以及生态文明贵阳国际论坛，以加深公众对气候变化的系统认知。

最后，引导居民应对气候变化、实践低碳生活。最典型的案例是2008年启动的全民节能行动。2008年8月，国务院办公厅印发《关于深入开展全民节能行动的通知》，要求广泛动员全民节能，把节能变成全体公民的自觉行动。全民节能行动主要包括：每周少开一天车，提倡环保节能驾驶；公共建筑夏季室内空调温度设置不得低于26℃，冬季室内空调温度设置不得高于20℃；各级行政机关办公场所3层楼以下原则上停开电梯；鼓励和引导消费者购买使用能效标识2级以上或有节能产品认证标志的空调、冰箱等家用电器，鼓励购买节能灯、节能环保型小排量汽车；使用节能环保购物袋；减少使用一次性用品；夏季公务活动着便装等。住房和城乡建设部组织开展了“中国城市无车日活动”，截

江西省德兴市的孩子们举办“同绘百米长卷 倡导低碳生活”活动，迎接全国低碳日。

至 2012 年，作出承诺的城市已达 152 个。

2012 年 9 月，国务院批复同意自 2013 年起，将每年“全国节能宣传周”的第三天设立为“全国低碳日”，以加强对应对气候变化和低碳发展的宣传引导。2013 年 6 月 7 日，国家发展改革委和有关部门围绕首个“全国低碳日”联合举办了一系列活动，包括举行“美丽中国梦 低碳中国行”应对气候变化主题展览、制作并播放低碳公益短片、启动“低碳中国行”等活动，时任联合国秘书长潘基文参观气候变化主题展览并给予了高度评价。

此外，中国还运用“大数据”技术和“互联网 +”平台来摸清城市“家底”，一方面，可以提高城市精细化管理能力，另一方面，能促进全民参与，鼓励多元化利益相关方包括地方政府、企业、公众、非政府组织积极参与应对气候变化，推动气候包容性发展。

随着中国政府更加重视公众的作用，利用多种手段普及低碳发展理念，公众参与程度不断加深，两方面相互作用、相互促进。

中国气候传播项目中心于2016年组织开展了第二次全国范围的公众气候变化认知度调查，调查结果显示，96.8%的受访者支持中国政府努力开展气候变化的国际合作，95%的受访者支持政府采取一系列的减缓气候变化的相关政策措施，96.9%的受访者支持政府对二氧化碳等温室气体排放实行总量控制，98.7%的受访者支持学校开展气候变化相关的教育。

2016年《政府工作报告》提出，“以体制机制创新促进分享经济发展，建设共享平台。”目前，分享经济渗透公众生活的各个方面，公众更乐于选择共享单车、租车等低碳出行方案。人们还从日常生活衣、食、住、用等细微之处实践低碳生活、绿色消费，如自备购物袋、双面使用纸张、控制空调温度、不使用一次性筷子、购买节能产品、低碳饮食、低碳居住等。

在全社会低碳转型的过程中，媒体和非政府组织发挥了不可替代的作用。中国媒体高度关注气候变化问题，进行了大量的报道和宣传活动，为提升公众的参与意识发挥了重要作用。新媒体如微博话题、微信公众号等也积极向公众推送应对气候变化相关科普知识。

非政府组织的作用也有所加强。比如，自然之友、北京地球村、绿家园志愿者、公众环境研究中心、行动援助等民间组织于2007年牵头组成“中国公民社会应对气候变化小组”。该小组通过网络、报纸等媒体面向公众和民间组织公开征集中国公民社会应对气候变化问题的立场，发布了《2009中国公民社会应对气候变化立场》，反映了中国民间机构对气候变化问题的态度和立场。积极开展应对气候变化活动的民间组织还有中华环境保护基金会、山水自然保护中心、中国气候传播项目中心、世界自然基金会、中国绿色碳汇基金会、气候组织、青年应对气候变化行动网络等。

第四节
中国应对气候变化的成效

中国作为世界上最大的发展中国家，实施积极应对气候变化国家战略，在努力控制温室气体排放的同时，主动开展适应行动，应对气候变化工作取得明显成效。

一、基本扭转二氧化碳排放快速增长局面

通过调整产业结构、优化能源结构、节能提高能效、推进碳市场建设、提升适应气候变化能力、增加森林碳汇等一系列措施，中国单位国内生产总值二氧化碳排放（以下简称“碳强度”）持续下降，基本扭转二氧化碳排放快速增长局面。截至 2019 年底，碳强度比 2015 年下降 18.2%，提前完成“十三五”约束性目标任务；碳强度较 2005 年降低约 48.1%，非化石能源占能源消费比重提高至 15.3%，均提前完成中国向国际社会承诺的 2020 年目标。

自 2011 年起，中国在北京、天津、上海、重庆、湖北、广东、深圳等 7 个省市开展碳排放权交易试点，截至 2020 年 8 月，试点碳市场

累计配额现货成交量约 4.06 亿吨二氧化碳当量，成交额约 92.8 亿元。在总结借鉴试点经验基础上，中国正稳步推进全国碳市场建设。[①]

二、初步走上绿色低碳循环发展道路

中共十八大以来，随着中国经济进入新常态，中国的低碳发展迎来了深刻变革的新阶段。[②]

首先，这种深刻变革体现在经济系统的低碳化趋势上。相较于 2005 年而言，2015 年中国单位 GDP 能耗累计下降 34%，二氧化碳排放强度下降 38.6%，十年累计减少二氧化碳排放 41 亿吨。2016—2019 年，全国单位 GDP 能耗累计降低 13.2%，累计节能约 6.5 亿吨标准煤，相当于减少二氧化碳排放约 14 亿吨。主要原因之一是中共十八大以来，随着应对气候变化工作在国家战略规划中的地位不断提升，减缓、适应气候变化作为一种倒逼机制、动力引擎，直接推动了生产领域的低碳化。通过有重点有创新地全面强化控温、减排，工业、农业、服务等领域都在技术创新的支持下加速了成本效益优化的低碳技术改造。目前，在大幅度降低单位国内生产总值的能源强度和碳强度、提高单位能源消费和碳排放的经济产出效益方面，中国已处于国际领先地位。中国致力于在保持 GDP 年均增速较高的情况下，推动温室气体排放尽早达峰并下降。“十三五”期间，在支撑 GDP 仍以 6.5%—7% 的较高速度增长的同时，中国单位 GDP 的碳强度下降仍保持在 4% 以上，巩固了经济增长与减缓气候变化的双赢局面。

---

① 孙金龙、黄润秋：《坚决贯彻落实习近平总书记重要宣示，以更大力度推进应对气候变化工作》，《光明日报》2020 年 9 月 30 日。

② 齐晔、张系良主编：《中国低碳发展报告（2015—2016）》，北京：社会科学文献出版社，2016 年。

其次，这种深刻变革还体现在能源革命所取得的进展上，即煤炭消费达峰和清洁能源的大规模高速发展。按照实物量计算，2013 年，中国煤炭消费量为 42 亿吨，之后逐年下降；按照热值计算，2014 年，中国的煤炭消费达峰。与此同时，非化石能源占一次能源消费比重由 2005 年的 7.4% 增加到 2015 年的 12%。2005 年以来，中国可再生能源年均增长速度和增长量均位居世界前列。2015 年，中国电力装机规模达到 15.1 亿千瓦，非化石能源发电装机容量占总装机容量的比重从 2010 年的 27% 增加到 34%，非化石能源消费比重达到 12.0%，较 2010 年增加了 2.6%。到 2015 年，中国可再生能源电力投资规模和新增容量都已超过煤电，并呈现出持续快速增长的趋势。只不过，由于能源消费总量增长快，新能源和可再生能源的发展在相当长一段时间内仍不能满足新增能源需求。①

中国煤炭达峰，标志着中国煤炭驱动型经济增长的终结，也为中国碳排放达峰提供了必要的前提条件。更重要的是，中国煤炭消费比重的下降并未直接导致石油、天然气消费比重的升高，而是带来了非化石能源消费比重的迅速上升。这一消一长，反映了中国能源替代和转型的特征，即以非化石能源（特别是风能和太阳能）直接替代煤炭为主。这似乎意味着，中国可能能够直接跨越发达国家普遍出现的以油气替代煤炭的历史阶段。②

通过采取综合措施，中国能源结构进一步优化。一次能源消费中，煤炭消费量占比持续下降，非化石能源消费量比重逐年提高。风电新增和累计装机容量持续保持全球第一，光伏发电新增和累计装机容量亦均

① 何建坤：《中国能源革命与低碳发展的战略选择》，《武汉大学学报（哲学社会科学版）》2015 年第 1 期，第 5—12 页。

② 张系良、齐晔主编：《中国低碳发展报告（2017）》，北京：社会科学文献出版社，2017 年，第 4 页。

2020 年，中国新能源汽车销量达到 136.7 万辆，创历史新高。图为广东省深圳市正在充电的纯电动出租车。

为全球第一。[1]2017 年，中国对可再生能源的投资达到 1266 亿美元，比 2016 年增长了 31%，占全球可再生能源投资总额的 45%，对全球可再生能源的发展作出了巨大贡献。[2]

据生态环境部 2020 年公布的数据，中国可再生能源领域的专利数、投资、装机和发电量连续多年稳居全球第一，可再生能源投资已经连续五年超过 1000 亿美元。全国规模以上企业单位工业增加值能耗

① 王伟光、刘雅鸣主编：《气候变化绿皮书：应对气候变化报告（2017）》，北京：社会科学文献出版社，2017 年，第 2 页。

② REN21，Renewables 2018 global status report.

2019 年比 2015 年累计下降超过 15%，相当于节能 4.8 亿吨标准煤，节约能源成本约 4000 亿元。绿色建筑占城镇新建民用建筑比例已达到约 60%，通过城镇既有居住建筑节能改造，在提升建筑运行效率的同时，有效改善人居环境，惠及 2100 万户居民。2010 年以来，中国新能源汽车以年均翻一番的增速快速增长，销量占到全球新能源汽车总销量的 55%。①

除此之外，植树造林一直是中国政府持续重点推进的工作。据美国宇航局（NASA）的卫星监测数据显示，最近 20 年间，地球正在变绿，是中国和印度的行动主导了地球变绿。其中，仅中国一个国家的植被增加量，便占到过去 17 年里全球植被总增加量的至少 25%。② 中国的绿化成就不仅为保护全球生态系统作出了重要贡献，也持续增加了本国的碳汇贡献能力。

更值得欣喜的是，中国采取积极的应对气候变化行动，在大幅减少温室气体排放的同时，促进了经济增长的质量，培育了新的产业，提升了中国经济的国际竞争力，增加了就业，保障了人民健康，产生了广泛的协同效应，初步走上了一条经济发展与温室气体排放日益脱钩的绿色低碳循环发展的光明大道（见图 15）。

---

① 《生态环境部 9 月例行新闻发布会实录》，生态环境部网站 2018 年 9 月 29 日，http://www.mee.gov.cn/gkml/sthjbgw/qt/201809/t20180929_632931.htm。

② Chi Chen, Taejin Park, Xuhui Wang, Baodong Xu, Rajiv K. Chaturvedi, Richard Fuchs, Shilong Piao, Victor Brovkin, Philippe Ciais, Rasmus Fensholt, Hans Tømmervik, Govindasamy Bala, Zaichun Zhu, Ramakrishna R. Nemani, Ranga B. Myneni: China and India lead in greening of the world through land-use management. Nature Sustainability, 2019, 2, pp.122-129.

图 15 中国碳减排行动产生的协同效应

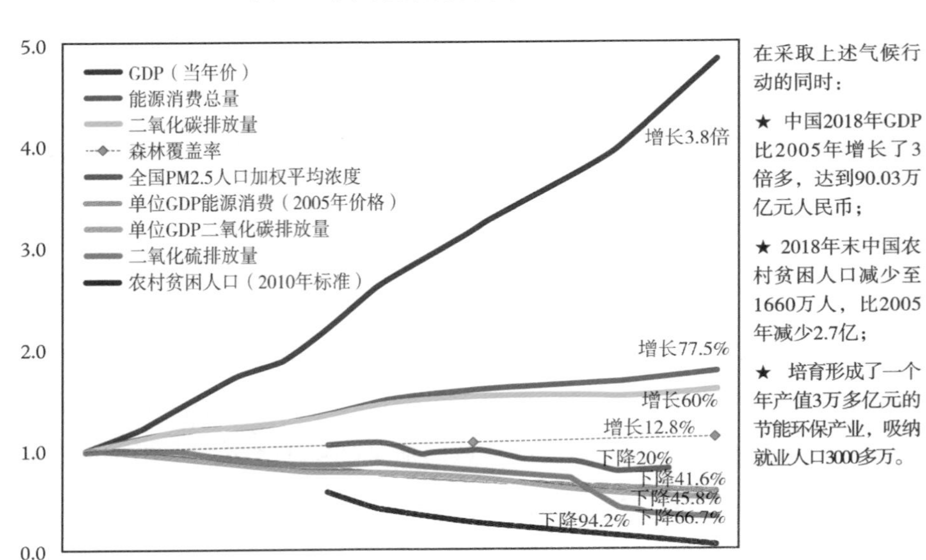

资料来源：解振华：《积极应对全球气候变化，推动绿色低碳可持续发展》，2019 年 10 月 29 日在清华大学的演讲。

第五章
做强应对气候变化南南合作

气候变化是全人类面临的共同挑战，严重威胁着全人类生存与发展，以及子孙后代的福祉。在气候变化的威胁面前，没有一个国家能置身事外。合作共赢、携手应对气候变化，应是世界各国的共同选择。面对越来越严峻的气候变化威胁，发展中国家迫切需要获得外部的资金、技术和能力建设的支持。已有的发达国家支持发展中国家的北南合作模式，在深度和广度上已不能满足发展中国家的实际需求。由此，发展中国家之间的南南合作成为推进各方务实合作的重要渠道。

南南合作在中国应对气候变化的总体部署中的重要性日益凸显，特别是近年来，中国政府加大了对南南气候合作的支持力度，以帮助更多发展中国家实现减缓、适应、环境、经济和社会等多角度协同的可持续发展目标。鉴于中国在南南合作框架下承担的期待越来越多，角色越来越重要，本章拟回答的问题是：中国对南南气候合作持怎样的立场，有哪些政策？中国在南南气候合作进程中采取了什么实际行动？发挥了哪些作用？

第一节
中国对南南气候合作的立场和政策

自 20 世纪 50 年代开始，中国一直致力于同包括亚洲、非洲和加勒比等地区在内的其他发展中国家开展南南合作，收到了良好成效。2016 年 12 月，国务院新闻办公室发表《发展权：中国的理念、实践与贡献》白皮书指出，60 多年来，中国共向 166 个国家和国际组织提供了近 4000 亿元的援助。[①] 近年来，随着参与全球气候治理的深度和广度不断扩大，中国在南南合作方面也加强了对应对气候变化领域的支持力度，积极与发展中国家分享新近的、具备相关性和可复制性的解决方案，帮助其他发展中国家应对发展挑战，实现减贫和应对气候变化的目标。[②]

有别于发达国家向全球气候治理体系提供资金的行为（如绿色气候基金），中国面向发展中国家气候援助的立场定位是“自愿”和“补充”。发达国家为发展中国家提供资金援助，是发达国家为其历史排放承担的

① 《发展权：中国的理念、实践与贡献》白皮书，国务院新闻办公室网站 2016 年 12 月 1 日，http://www.scio.gov.cn/ztk/dtzt/34102/35549/35553/Document/1532310/1532310.htm。

② 谭显春、顾佰和、朱开伟：《气候变化南南合作的现状、问题和战略对策》，《应对气候变化报告（2018）：聚焦卡托维兹》，北京：社会科学文献出版社，2018 年。

相应责任。而同为发展中国家，中国向不发达国家提供气候援助是出于气候道义。

南南气候合作是中国对外援助的重点之一，已经连续两次出现在中国政府制定的五年发展规划中，这充分显示了中国对南南气候合作的高度重视。2011 年发布的“十二五”规划纲要（2011—2015）提出，“加强气候变化领域国际交流和战略政策对话，在科学研究、技术研发和能力建设等方面开展务实合作，推动建立资金、技术转让国际合作平台和管理制度，为发展中国家应对气候变化提供支持和帮助”。这一纲领性文件为“十二五”期间深化应对气候变化南南合作指明了方向。2016 年发布的“十三五”规划纲要（2016—2020）提出，“广泛开展国际合作”，“落实强化应对气候变化行动的国家自主贡献……充分发挥气候变化南南合作基金作用，支持其他发展中国家加强应对气候变化能力”。

2014 年 7 月，国务院新闻办公室发表了第二部对外援助白皮书，概述了中国政府在 2010—2012 年的对外援助政策以及成就，其中，加强环境保护与应对气候变化成为中国对外援助六个“首要关注领域”之一。中国的《国家应对气候变化规划（2014—2020）》也积极推动、加强和鼓励地方政府、国内企业和非政府组织与发展中国家的相应机构在低碳和气候适应型技术和产品方面展开合作，在中国“走出去”政策的倡导下实现互惠互利，这也与中国对外援助政策相一致。2021 年 1 月，国务院新闻办公室发表了《新时代的中国国际发展合作》白皮书，明确将推动落实联合国 2030 年可持续发展议程作为中国对外援助的重点领域，其中包括支持生态环保和应对气候变化。

第二节
中国推动南南气候合作的历史进程和作用

自 1992 年里约环发大会以来全球应对气候变化进程取得的主要成果，包括《公约》《京都议定书》《巴黎协定》等，均是国际社会历经了长期艰苦努力才取得的。通过广泛凝聚各方共识，这些成果明确了国际合作应对气候变化的基本原则，即公平原则、共区原则及各自能力原则，彰显了全球绿色低碳可持续发展的大趋势不可逆转。气候变化问题主要是发达国家在其工业化过程中无约束排放温室气体造成的，发达国家负有历史排放责任，且拥有低碳技术和雄厚的财政实力，因此应遵循共区原则，率先大幅减排，同时帮助发展中国家提高应对气候变化的能力。同时，广大发展中国家应加强团结，积极参与全球应对气候变化进程，争取平等发展的权利，在此基础上开展各领域合作，积极开拓气候资金筹集和低碳技术创新、合作、转移的新渠道，稳步推进自身可持续发展。

一、中国推动南南气候合作的历史进程

在气候变化方面向发展水平较为落后的国家和地区提供力所能及的支持，是中国对全球气候治理体系的独特贡献。

早在2007年以前，中国对外援助项目已经涵盖气候变化领域。在2012年6月召开的联合国可持续发展大会上，时任国务院总理温家宝宣布中国政府将安排2亿元人民币开展为期3年的气候变化南南合作（约每年1000万美元），支持和帮助非洲国家、最不发达国家和小岛屿国家等应对气候变化。2012年以后，中国的对外气候援助上了一个大台阶。国家发展改革委当年宣布，将气候变化援助金额翻一番，每年的南南气候合作资金支出达到约7200万美元。此后至2018年3月，应对气候变化物资赠送项目启动。该项目由国家发展改革委应对气候变化司管理，依托财政部的专项资金，协调节能低碳物资和检测预警设备捐赠，提供能力建设培训，帮助受援国更好地应对气候变化。

2014年9月，时任国务院副总理张高丽在联合国气候峰会上宣布，从2015年开始，中国将在现有基础上把每年的气候变化援助资金支持翻一番。2014年11月，中国国家主席习近平宣布中国将成立南南气候合作基金。2015年6月，中国在《公约》下提交了国家自主贡献报告，承诺进一步加强气候变化南南合作，建立南南气候合作基金，为其他发展中国家、小岛屿国家、非洲国家和最不发达国家提供应对气候变化的援助。2015年9月，习近平访美时与美方共同发表中美元首气候变化联合声明，承诺出资200亿元人民币成立南南气候合作基金。11月30日，基金的资助范围进一步明确，即从2016年起中国将在发展中国家开展10个低碳示范项目、100个气候减缓和适应项目，以及提供1000个面

向发展中国家的应对气候变化培训名额（“十百千计划”）。在随后的中共十九大报告中，中国强调要引导应对气候变化国际合作，成为全球生态文明建设的重要参与者、贡献者和引领者。

在中央财政支持下，中国不断加大力度开展气候变化南南合作，通过举办气候变化能力建设培训等方式，帮助小岛屿国家、最不发达国家、非洲国家提高应对气候变化的能力。2011 年以来，截至 2019 年 9 月，中国政府已累计安排约 10 亿元人民币用于开展气候变化南南合作，已与 31 个国家签署了气候变化南南合作谅解备忘录，赠送了发展中国家急需的大量节能低碳环保物资，累计举办了 36 期能力建设培训班，帮助发展中国家提高应对气候变化的管理水平和技术能力。①

2018 年 3 月，国务院公布《深化党和国家机构改革方案》，应对气候变化的职能从国家发展改革委划转到了新组建的生态环境部。这是中国政府对于进一步增强应对气候变化与环境污染防治工作的协同性，增强生态环境保护整体性的重大制度安排。转隶到生态环境部的应对气候变化司继续负责南南气候合作工作，积极尝试在新的体制框架下推进落实“十百千计划”。

二、中国推动南南气候合作的最新进展

新的机构改革为高效落实“十百千计划”提供了新契机。与此同时，中国对联合国体系下的南南气候合作越来越重视，精确定位发展中国家实际需求，提供相应的培训与支持，并吸引民间力量进入这一领域，积极探索南南气候合作新模式。

① 数据引自解振华在 2019 年 9 月 2 日第一期“一带一路”气候融资培训班上的致辞。

（一）加强与联合国的合作，基于新理念为南南气候合作注入新的活力

作为全球治理的主渠道，联合国是各国实现有效参与全球治理所必须借助的平台。同时，联合国在南南气候合作中发挥着催化剂和润滑剂的作用，推动合作行为主体在需求端和资源端进行匹配，以形成更有效的合作伙伴计划。在这一过程中，作为发展中大国，中国的参与必不可少。因此，中国与联合国在该领域的合作势在必行，且潜力巨大。双方可借鉴其他领域已有的合作模式和经验，将其引入南南气候变化合作中，共同推动其具体实施和发展。

2014 年，中国政府向联合国秘书长办公厅捐赠 600 万美元，支持联合国秘书长推动气候变化南南合作。2014 年 12 月 8 日，由中国国家发展改革委、联合国开发计划署、联合国环境规划署共同举办的首届“应对气候变化南南合作高级别研讨会”在秘鲁利马举行。此后，该研讨会成为历届联合国气候大会“中国角”（China Pavilion）的保留节目。2016 年 4 月 21 日，以中国政府的捐赠为种子基金，时任联合国秘书长潘基文发起“南南气候伙伴孵化器”（South Climate Partnership Initiative, SCPI）倡议。2016 年 9 月，联合国开发计划署、联合国秘书长办公室在北京与国家发展改革委应对气候变化司联合举办气候变化南南合作研讨会，就加强应对气候变化南南合作、共同搭建国际合作平台、落实“十百千计划”等问题进行交流。[①]2017 年 11 月联合国波恩气候大会期间，在“中国角”举办的南南气候合作高级别论坛上，联合国南南合作办公室发布《南南气候合作行动计划 2017—2021》。该计划是联合

① 王彬彬：《后机构改革时代的南南气候合作》，中外对话网站 2018 年 6 月 19 日，https://chinadialogue.net/zh/3/43977/。

2018年12月12日，“应对气候变化南南合作高级别论坛”在联合国卡托维兹气候变化大会“中国角”举行。

国制定的《气候变化推动战略》的重要组成部分，这意味着联合国将南南气候合作提高到新的战略高度，致力于发挥南南合作的潜力并兑现各领域合作机遇，助力在可持续发展框架下增进国家自定贡献行动的实施。该计划在实施过程中，将会征询各成员国和联合国系统相关机构的意见和建议，并积极寻求与各方建立合作伙伴关系。联合国秘书长南南合作特使、联合国南南合作办公室主任豪尔赫·切迪克在本场高级别论坛致辞中，高度肯定中国在南南气候合作中发挥的表率作用，强调《南南气候合作行动计划》将会寻求各成员国及其广泛利益方的支持，基于南方经验、汇聚南方智慧、发挥南方能力、促进南方进程。①

① 《中国与联合国增进支持南南气候合作与共赢》，人民网2017年11月16日，http://world.people.com.cn/n1/2017/1116/c1002-29649961.html。

2019年9月联合国纽约气候行动峰会上，中国和新西兰受邀牵头推进“基于自然的解决方案”（Nature-based Solution），会同相关国家和国际组织，一道推动该领域取得丰硕成果。[①]“基于自然的解决方案”作为这次峰会的九大工作领域之一，倡导人与自然和谐共生的生态文明理念，构筑尊崇自然、绿色发展的社会经济体系，以有效应对气候变化、实现相关可持续发展目标。南南气候合作中的受援助国虽然大多经济发展较落后，但自然资源丰富。中国作为“基于自然的解决方案”的牵头国，正在积极与联合国系统沟通，将这一新理念融入南南气候合作中，进一步提升南南气候合作的协同成效。

（二）主动创新南南气候合作相关主题，为发展中国家解燃眉之急

在全球应对气候变化问题上，资金和技术是发展中国家最核心的关切。按照《巴黎协定》有关要求，发达国家应为发展中国家应对气候变化提供资金支持，并保证资金的充足性、可预见性和持续性。同时，如果没有低碳技术创新，仅仅靠传统技术无法实现全球减排目标。发展中国家只有得到了资金支持以及技术创新、合作和转让，才能进一步提高应对气候变化能力，有力促进可持续发展和绿色低碳转型。

为了帮助发展中国家提高融资能力，2019年9月，中国生态环境部和联合国绿色气候基金联合主办“一带一路”气候融资培训班。该培训班共招收学员30人，都是来自发展中国家和“一带一路”沿线国家应对气候变化领域的官员、专家和技术人员，其来源分布充分体现了地域均衡性。这期培训班也是国内和国际机构相互合作推出的第一个气候融

① 引自习近平主席特别代表、国务委员兼外交部长王毅2019年9月23日在纽约联合国总部出席联合国气候行动峰会的发言。

2019 年 12 月 20 日，中国应对气候变化南南合作项目——赠埃塞俄比亚微小卫星在太原卫星发射中心成功发射。

资领域的南南合作培训班。围绕提升发展中国家多渠道气候融资能力，这次培训一方面与联合国绿色气候基金合作，由其派出 3 位国际专家到清华大学开展提升发展中国家向国际气候基金申请资金的培训，手把手传授如何填写项目申请书等实务内容；另一方面，还依托清华大学“产学研”的支撑，结合中国的实际情况，围绕市场融资能力问题设置相关课程。

除了针对发展中国家的实际需求开展各类培训外，在捐赠物资的种类上，中国政府也不断探索“授人以渔”的新可能，并切实回应发展中国家在技术方面的需求。2019 年 12 月 20 日，中国政府无偿捐赠埃塞俄比亚的首颗人造地球卫星 ETRSS-1 成功发射。该卫星能够获取农林水利、防灾减灾等领域多光谱遥感数据，支撑埃方开展应对气候变化研究。中方采用星地一体化思路，为埃方提供包括卫星、地面系统、卫星发射、项目培训在内的“一站式交钥匙”系统解决方案，帮助埃方将多光谱遥感卫星应用于气候变化研究，以及农业、林业、水资源、灾害监测等国家急需领域，促进其国民经济发展，提升其航天科技水平。

（三）重视多元合作，鼓励非政府组织参与南南气候合作

多元合作在推进全球气候治理的进程中发挥着重要作用，对处于摸索阶段的南南气候合作而言显得更为重要。政府主要发挥协调作用，鼓励、引领社会各界的参与，并充分发挥其主观能动性，提供公共资金作为种子资金，来撬动更多的社会资本参与其中；智库可开展针对性研究与政策对话，为参与主体提供建议；企业的主要优势是提供实际资源与具体解决方案；非政府组织则可充分发挥灵活性和积极性，在应对气候变化工作中协助具体项目的实施。在认识到不同行为体的功能差异后，中国政府主动找到善于与社区对话的中国本土非政府组织，邀请其参与到南南气候合作的工作中。

以对缅甸的捐赠项目为例，缅甸有 70% 的人口都在使用木柴作为主要燃料，每年消耗木柴量高达 1800 多万立方米，在 1087 万户人家中仅有 360 万户用上了电力，电力覆盖率仅为 33%。2017 年 3 月，中国向缅甸赠送了 10000 台清洁炉灶和 5000 套 100W 太阳能户用光伏发电系统。这批物资的交付，将为缅甸普通农民家庭提供清洁能源，改善其生活环境，对保护缅甸森林资源、改善农村地区电力情况、应对气候变化和发展农村地区有重要帮助。作为中国南南气候合作的重要成果，也是中缅

2018 年 1 月 21 日，中国向尼泊尔赠送 32000 余套太阳能户用光伏发电系统交接仪式在加德满都举行。

两国携手应对气候变化挑战的实践，此项目面临的一个现实挑战是要保证把中国捐赠的清洁炉灶和太阳能户用光伏发电系统送到缅甸最需要的人手中。中国本土非政府组织全球环境研究所长期在国内开展社区发展工作，曾成功将其经验介绍到缅甸。中国政府在注意到全球环境研究所的工作后，邀请其加入缅甸捐赠项目的落实，完成了“最后一公里”的入户和培训工作，保证了项目的成功落地。

2019 年 4 月，“一带一路”绿色发展国际联盟在北京成立，以促进“一带一路”沿线国家开展生态环境保护和应对气候变化，实现绿色可持续发展。

2018 年 9 月，中国气候变化事务特别代表解振华在加州气候行动峰会期间发起“气候变化全球行动”倡议（Global Climate Action

Initiative），鼓励中国民间机构团结起来，与政府协力，共同为应对气候变化的全球进程作出贡献。2019 年 8 月，气候变化全球行动秘书处与泰国自然资源与环境部、中国—东盟中心共同主办“中国—东盟合作推动能源转型与气候韧性发展”会议，邀请来自东盟各国的政府官员、相关研究机构的技术和政策专家、企业、慈善基金会及社会组织代表等，就东盟各国落实气候变化国家自主贡献（NDC_S）面临的挑战和潜在机遇开展交流，并探索下一步中国与东盟国家在可再生能源发展政策、规划与实施层面的技术交流、能力建设及投融资示范实践等方面的潜在合作，将多元参与南南气候合作向前推进了一大步。

三、评价与展望

作为发展中国家的一员，中国是南南气候合作的积极倡导者与忠实实践者，在推动南南气候合作中发挥了关键的引领作用，其表现得到国际社会的普遍认可。

联合国秘书长古特雷斯在 2018 年 9 月表示，多边主义面临严峻挑战，中国坚定支持多边主义、积极维护多边秩序并推进全球治理令人赞赏。他特别感谢中国克服困难为应对气候变化等全球性挑战作出的巨大努力，称联合国期待在全球治理、解决地区热点问题等方面得到中方更大帮助。[①]

联合国前秘书长潘基文评价，在达成《巴黎协定》并推动其快速生

① 《习近平会见联合国秘书长古特雷斯》，新华网 2018 年 9 月 2 日，http://www.xinhuanet.com/world/2018-09/02/c_1123368109.htm。

效的进程中，中国方案与行动作出了历史性、基础性、重要和突出的贡献。通过一系列务实合作，应对气候变化南南合作成为中国与广大发展中国家深化团结互信、实现互利共赢的新亮点。①

联合国秘书长南南合作特使、联合国南南合作办公室主任豪尔赫·切迪克表示，作为南南合作主角之一，中国引领着南南合作，“一带一路”倡议已经成为南南合作的典范。切迪克认为，中国改变了发展模式，使能源密集型产业变得更加高效、环保，中国成为清洁技术和清洁能源的领导者，是南方各国的榜样，是推动南南合作的主要领导者。②

秘鲁前环境部长、利马气候大会主席、世界自然基金会气候与能源全球总监曼努埃尔·普尔加·比达尔评价，南南合作机制是创新型合作伙伴关系，通过这一创新平台，可以及时有效加强信息沟通。中国是全球应对气候变化的重要力量，在应对气候变化方面的实践和经验值得效仿、借鉴。③

埃塞俄比亚环保署长特沃德·伯翰赞扬中国为促进南南合作所付出的努力，认为与发达国家的承诺“口惠而实不至”相比，发展中国家之间的合作是自觉自愿的，援助项目更有针对性，成效也更明显。中国多年来在水电开发等项目中对埃塞俄比亚给予了宝贵支持，这与埃塞俄比亚应对气候变化和经济发展战略非常一致。④

---

① 豪尔赫·切迪克、张晓华：《引领应对气候变化国际合作》，《人民日报》2017年11月23日。

② 《卡托维兹气候变化大会南南合作高级别论坛举行》，央视新闻客户端2018年12月13日，http://m.news.cctv.com/2018/12/13/ARTIyg5HC4QKZjWCdIGmbWHk181213.shtml。

③ 《推进气候务实合作伙伴关系 实现气候行动与可持续发展协同效应》，世界自然基金会网站2018年12月14日，http://www.wwfchina.org/news-detail?id=1871&type=3。

④ 《发展改革委副主任：加强南南合作共同应对气候变化》，中国政府网2012年12月5日，http://www.gov.cn/jrzg/2012-12/05/content_2282765.htm。

参加历次在联合国气候大会期间举办的南南气候合作高级别论坛的来自孟加拉国、巴西、埃塞俄比亚、尼泊尔、塞舌尔、新加坡等国的部长与高级官员多次感谢中国提供的强大支持和无私帮助，有关各方赞赏中国在国际气候合作与南南合作上的引领作用，表示愿与中国和联合国系统进一步加强南南合作，共同应对气候变化挑战。

过去几年，无论是资金规模，还是覆盖范围，中国的南南气候合作工作都取得了积极进展，已开展的合作项目得到广泛认可，赢得国际社会的赞誉。但南南气候合作在战略设计和具体操作方面仍有进一步提升和完善的空间，将南南气候合作向深层次、多样化拓展已成为未来努力的方向。从短期看，可在物资赠送方面更充分地发挥社会各界的主观能动性，取长补短，在短期内达到事半功倍的效果；从长期看，需继续从战略高度去理解南南气候合作问题，将其作为构建人类命运共同体的重要、具体切入点，推动更切实可行方案的实施，促进南南气候合作向更系统、全面、深层次的合作方向发展。[①]

近年来，中国将生态文明建设放在突出地位，努力走符合中国国情的绿色、低碳、循环发展道路，制定了具有雄心的应对气候变化行动目标，采取了调整产业结构、节约能源和资源、发展非化石能源、增加森林碳汇、建设全国碳排放权交易市场等一系列政策措施。在减缓气候变化方面，2018 年中国碳排放强度比 2005 年下降 45.8%，基本扭转了温室气体排放快速增长的局面。在适应气候变化方面，发布国家适应气候变化战略，开展适应型城市试点，参与全球适应委员会的发起和运行，推动

① 《机构改革后应对气候变化工作如何开展？生态环境部回应》，中国新闻网 2018 年 11 月 26 日，https://www.chinanews.com/gn/2018/11-26/8685674.shtml。

中国在智利投资建设的蓬塔谢拉风电场，可满足当地 13 万户家庭的用电需求，同时每年还能减少 15.7 万吨碳排放。

成立全球适应中心中国办公室。2021 年 3 月，“十四五”规划纲要（2021—2026）出台，把应对气候变化及开展相关国际合作确立为“十四五”期间的战略重点之一。

在国内积极应对气候变化的同时，中国主动向全球气候治理进程提供更具建设性的解决方案，特别是当美国宣布退出《巴黎协定》后，中国继续坚决支持多边主义，继续全力支持联合国在全球治理中发挥核心作用，为推动全球气候治理进程提供最大的支持。由于新冠疫情的影响，原定在 2020 年举办的联合国生物多样性大会（COP15）和联合国气候变化大会（COP26）均推迟到 2021 年举行。中国是将于 2021 年 10 月举行的联合国生物多样性大会的东道国（举办地为中国昆明）；2021 年 11 月，联合国气候变化大会将在英国格拉斯哥举办，中国也是关键的推动者。中方已经与英国政府沟通，希望英国与中国联手保证 COP15 和 COP26 的成功举办，为全球治理进程注入新动力。在发达国家应对乏力的困境下，南南气候合作成为中国携手发展中国家共同推动全球气候治理进程的战略部署。中国推动的“一带一路”倡议也为加强南南合作提供了新机遇。未来，中国会在“真诚友好、平等互利、团结合作、共同发展”的原则基础上，与各国一起携手推进绿色“一带一路”建设。气候变化南南合作是“一带一路”建设的重要组成部分，最终的目的都是构建人类命运共同体。

2020 年，新冠疫情席卷全球，对各国经济和社会发展造成不同程度的冲击。中国政府积极回应联合国秘书长古特雷斯在世界地球日提出的“携手实现更高质量复苏”倡议，并强调“绿色复苏”，即在疫情后经济复苏过程中，坚定不移维护全球化进程，维护开放型世界经济和稳定的全球产业链；坚持绿色、低碳、可持续发展的大方向，找到技术、经济上可行的政策路径。[①] 当前，世界范围内绿色发展不再局限于自然资源领域，而是在绿色产品、低碳技术、生态系统、排放标准、环境规制、消费方式上全面铺开。总体来看，国际社会对绿色发展等议题包容性较强，相关领域深化国际合作有很大空间。[②] 创新推进南南气候合作，帮助发展中国家实现疫情后的“绿色复苏”，既符合中国国家发展的自身利益，也符合国际社会对中国履行大国责任的期待，更是发展中国家在

① 《第四届气候行动部长级会议举行 中方呼吁推动〈巴黎协定〉全面有效实施》，中国新闻网 2020 年 7 月 8 日，https://www.chinanews.com/gn/2020/07-08/9232491.shtml。

② 杨丹辉：《“绿色”引擎助推经济复苏》，《人民日报》2020 年 9 月 2 日。

疫情后推进可持续发展的切实需求。中国将为南南气候合作提供更多战略支持，携手发展中国家于变局中开新局、在危机中育新机，共行人类生态文明发展之路，共建人类命运共同体。

第六章
做大应对气候变化南北合作

气候变化是典型的全球性问题，因此，应对气候变化需要全球合作。由于历史责任、发展阶段、国家利益和能力的不同，国际气候变化谈判和全球气候治理从一开始就围绕发达国家和发展中国家这两大阵营的博弈，即南北关系这条主线展开。国际环境合作的历史反复证明，任何一个全球环境问题的解决，都离不开南北伙伴关系的建立，全球气候治理也不例外。本章拟梳理中国与发达国家开展气候合作的历史与取得的成果，评估中国在推进南北气候合作中的作用。

第一节
中国与发达国家的气候合作

面对日益严峻的全球气候危机，中国政府一直秉承互利共赢与务实有效的原则，与有关各方积极开展气候变化与绿色低碳领域的合作，在推进全球气候治理进程中发挥了建设性作用。气候问题的复杂性决定了其解决路径在资金、技术以及管理方式等方面都离不开发达国家的大力支持，因而促进发展中国家与发达国家间的南北合作对于实现全球气候治理目标来说是必不可少的环节。气候治理领域的南北合作将有助于改善相关国家的环境状况，促进发展中国家产业结构升级转型，并对减缓与适应目标的实现产生巨大推动作用。

气候治理领域的南北合作表现出发达国家和发展中国家在应对气候变化问题上的共同愿景，展现出谋发展、促合作、图共赢的建设性姿态，为各国共同应对气候变化的挑战、开展绿色低碳合作、实现联合国可持续发展目标注入了新的动力。中国作为发展中国家的重要代表，在南北气候合作开展以来，已经与美国、日本、欧盟、英国、澳大利亚等发达经济体举行了多级别、多领域的对话会议，制定并实施了大量气候治理合作项目，签署了众多有关南北气候合作的行动计划。在 2017 年的波恩气候变化大会上，中国代表团团长、中国气候变化事务特别代表解振华强调，应对气候变化的国际合作，需要坚持《公约》确定的国际制度和原则，推进南北合作。这一表态进一步明确了南北合作在全球气候治理中的重要作用。

一、中国与美国的气候合作

中美两国分别作为世界上最大的发展中国家与发达国家，在全球气候治理中的作用至关重要。中美双边气候合作最早可追溯至 20 世纪 80 年代初。近年来，中美的气候合作更是在广度和深度上取得了长足进展。其中，2013 年，中美两国围绕气候治理问题，成立了应对气候变化工作组，用以梳理两国在气候变化领域业已展开的合作，并在此基础上明确两国未来可能开展气候合作的新领域。2014 年 11 月，中美两国元首在会晤期间就气候合作达成重要共识，发表了《中美气候变化联合声明》，[①] 表明两国愿意共同应对气候变化挑战的合作姿态。在该联合声明中，美国表示将于 2025 年实现在 2005 年基础上减排 26%—28%的目标，并将努力实现减排 28% 的目标；中国则表示将于 2030 年左右实现二氧化碳排放达到峰值并将努力早日达峰，计划到 2030 年实现非化石能源占一次能源消费比重提高到 20% 的目标。2015 年 6 月，中国气候变化事务特别代表解振华表示，中美在应对气候变化领域的合作实际上已经成为南北合作的重要典范，这种合作形式也为多边会谈提供了一种范式，中美两国已在 13 个明确的合作领域中开展了 30 多个合作项目。美国国务

① 《中美气候变化联合声明（全文）》，中国网 2014 年 11 月 12 日，http://www.china.com.cn/opinion/think/2014-11/13/content_34039368.htm。

2016 年 6 月 6 日，第八轮中美战略与经济对话气候变化问题特别联合会议在北京举行。

院在当日也发表声明指出，中美在会谈中又结成 6 对“绿色合作伙伴”关系，其合作领域涉及航空、钢铁、高科技工业园、海洋生物保护以及太阳能发电等领域。在此基础上，美国波音公司与中国商用飞机有限责任公司将就废油转化为航空燃油进行探索，这一合作将有效推进中美两国相关领域的技术合作。①

在 2013 年至 2016 年间举行的 9 次中美两国元首双边会晤中，每次会晤均涉及气候变化问题，表明中美就气候变化这一重要议题保持了密切沟通与政策协调。在 2009 年至 2017 年间的中美战略与经济对话中，中美双方举行多场专题活动，探讨气候合作，双方也多次就气候变化合

① 《中美气候变化合作成新典范，中国将提交自主贡献文件》，中国新闻网 2015 年 6 月 24 日，https://www.chinanews.com/gj/2015/06-24/7362813.shtml。

作与对话机制、绿色气候基金的运营、各自积极履行气候变化承诺作出相应规划与承诺，为气候变化领域的南北合作作出了重要的表率。2015年召开的第一届中美气候智慧型／低碳城市峰会，有力地推动了中美两国在绿色低碳领域发展经验的沟通与交流，有利于两国深入探索气候变化领域的国际合作，为两国实现可持续发展和共同应对气候变化提供了重要的知识积累。2016年第二届中美气候智慧型／低碳城市峰会召开，进一步就双方的国际合作途径与合作领域进行探索，尤其是对气候保险领域的合作给予了积极探索，认为中美有必要在构建合作共赢的全球气候治理体系这一议题上加强合作。第二届峰会的召开，标志着两国携手应对气候变化的合作机制逐步走向常态化，为构建中美新型大国关系、推动两国可持续发展和全球气候变化多边进程作出了积极贡献。

2015年巴黎气候变化大会通过的《巴黎协定》是全球应对气候变化的重要里程碑，中美两国以及欧盟在推进各国提交“国家自主贡献”（NDC_S）和推进谈判进程中发挥了重要作用。在中美欧的共同努力下，已有195个国家提交了NDC_S预案，提交预案的国家占全球碳排放量的95%。《巴黎协定》框架下的NDC_S与全球盘点虽然解决了全球气候治理中参与性不足的问题，但同时也凸显出全球气候治理约束力欠缺的特征。因此，中美两国能否在气候治理南北合作中发挥积极的表率作用，以及表明充足的合作意愿，对于全球气候治理的有效性将产生重要影响。中美只有加强协调与合作，才能真正推进全球气候治理的进程，并为构建合作共赢的全球气候治理体系作出更大贡献。

令人失望的是，特朗普执政四年期间，美国气候变化政策发生了重大改变。特朗普于2017年6月1日宣布美国退出《巴黎协定》，并指责奥巴马政府期间推行的气候变化政策严重损害美国的国家利益。美国的上述行为为全球气候治理的有效推进带来了诸多不确定性因素。与此形成鲜明对比的是，中国一直坚定立场，以实际行动发挥着真正的全球领导力，起到了良好的表率和示范作用。[①]习近平主席在2017年1月出席“共商共筑人类命运共同体”高级别会议时指出，“中国将继续采取行动应对气候变化，百分之百承担自己的义务。”[②]特朗普执政时期，中美两国在中央政府层面的气候合作基本中断，但在地方和非政府层面，中美两国仍然保持着气候合作。2021年1月，美国拜登政府成立。新一届美国政府表示了与中国开展气候合作的意愿，中国已作出积极回应。未来中美在气候变化领域的合作尽管面对中美战略竞争加剧的复杂环境，但鉴于中美双方均有合作意愿，仍然值得期待。

表10 中美气候合作主要双边协定

合作协定名称	级别	签署时间
《中美化石能技术开发与利用合作议定书》	部级	1985年
《中美能源效率和可再生能源技术发展与利用合作议定书》	部级	1995年
《中美联合声明》	元首级	1997年
《中国国家发展计划委员会和美国国家环保局关于清洁大气和清洁能源技术合作的意向声明》	部级	1999年
《中美环境与发展合作联合声明》	部级	2000年
《2008年北京夏季奥运会清洁能源技术合作议定书》	部级	2004年

① 张海滨等：《特朗普气候政策与〈巴黎协定〉履约前景及中国的对策》，《北京大学国际组织研究中心简报》2017年第12期。

② 《习近平：中国将采取行动应对气候变化 百分之百承担自己的义务》，环球网2017年1月19日，http://world.huanqiu.com/article/2017-01/9973308.html。

《中美能源环境十年合作框架》《中美能源环境十年合作框架下的绿色合作伙伴计划框架》	副总理级	2008年
《中美联合声明》	元首级	2009年
《江苏—加州加强气候变化、能源和环境合作备忘录》	省级	2009年
《促进气候变化、能源和环境合作谅解备忘录》	部级	2009年
《中美联合声明》	元首级	2011年
《中美气候变化联合声明》	元首级	2013年
《中美气候变化联合声明》	元首级	2014年
《中美元首气候变化联合声明》	元首级	2015年
《中美元首气候变化联合声明》	元首级	2016年

资料来源：作者整理。

二、中国与日本的气候合作

中日两国的气候合作始于20世纪70年代后半期，至今已有40多年的历史。中日气候合作经历了相应的发展阶段，前期主要集中在两国的环境治理领域，后期逐渐发展至地区和全球气候问题，主要涉及应对水污染、大气污染等公害，沙尘暴、酸雨以及PM2.5等跨国性环境问题，以及气候变化等全球性问题。20世纪90年代，中日两国在环保领域落实了一批大项目。在1996—2000年的第四批对华日元贷款中，环境气候类合作项目签约金额为3600亿日元，主要用于中国19个省、市、自治区的30多个项目。[①] 进入21世纪，中日两国的气候合作得到

① 日本外务省网站，https://www.mofa.go.jp/mofaj/gaiko/oda/region/e_asia/china/index.html。

了进一步深化。中日两国于2007年4月在能源政策对话会上签署了《关于加强两国在能源领域合作的联合声明》。2007年和2008年，两国政府发表了《中日两国政府关于进一步加强气候变化科学技术合作的联合声明》和《中日两国政府关于气候变化的联合声明》，标志着中日两国政府正式建立了应对气候变化伙伴关系。2008年5月，中日双方发表了《中日气候变化的共同声明》，以确认《京都议定书》等相关协定的约束力。[①] 随后，中日双方又发表了《关于继续加强节能环保领域合作的备忘录》，确定了落实联合声明的70项具体举措，其中有20多项与气候变化、节能环保相关。中日在多个领域，包括水和大气治理、固体废物处理处置、环境监测、环境教育与信息技术、“无废城市”等领域深化合作，合作领域持续拓展。[②] 数据显示，仅在2009—2012年，中日之间的清洁发展机制（CDM）合作项目就达到179项，具体合作项目的类型如图16所示。

中日两国政府致力于在《公约》框架下，共同为构建更加公平、有效的国际气候变化应对机制而努力。经过多年的发展，气候领域合作已经成为中日两国经济合作的新亮点，是最有发展前景的合作领域。[③]

在2018年的中日环境热点问题研讨会上，两国围绕挥发性有机物（VOC_S）和臭氧的污染治理、监测技术、质控技术、溯源技术、实物标准研究等领域的合作进行互动与交流，进一步深化了中日气候合作，共

① 李玲玲、邸慧萍、刘云、颜泽洋：《中日环境合作的历史与未来方向》，《国际研究参考》2017年第5期，第4页。

② 《日中环境保护合作的概况》，日本驻华大使馆网站，https://www.cn.emb-japan.go.jp/itpr_zh/eco_05_2.html。

③ 徐华清、柴麒敏、李俊峰：《应对气候变化的中国贡献》，《光明日报》2015年7月2日。

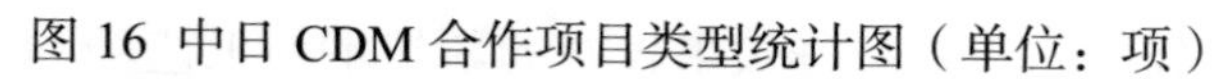

图 16 中日 CDM 合作项目类型统计图（单位：项）

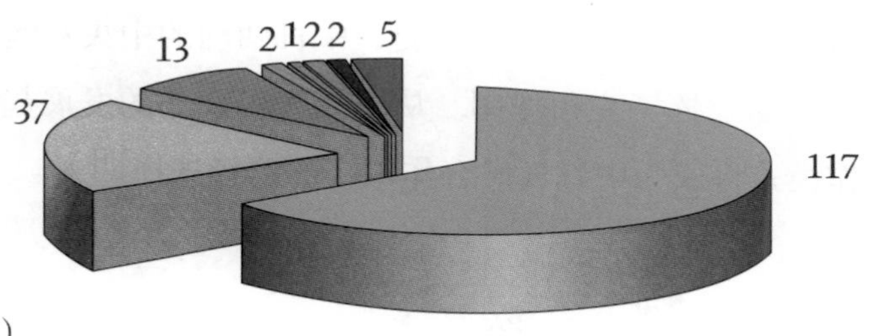

（单位：项）

1. 新能源和可再生能源　2. 节能和提高能效　3. 甲烷回收利用
4. 燃料替代　5. 垃圾焚烧发电　6. HFC–23分解
7. N02分解消除　8. 其他

资料来源：宋春子：《低碳视角下的中日气候合作的现状与未来发展》，《日本研究》2013 年第 3 期，第 27 页。

同推进了两国大气污染防治技术的进步。[①] 同时，中日两国也在能源市场与能源技术方面积极寻找合作机会，彼此相互借鉴。日本具有优越的基础科学设施条件，并将诸多基本科学转化为应用科学，进而转化为具有较高实用价值的商业应用，在能源开发、检测、商业后续实用等方面具有较为成熟的经验，这些都能够为中国提供较大的帮助。近年来，双方技术交流日益密切，先后实施了六期中日合作第三国研修培训项目，中方累计接待日方专家560多人次来华交流，派遣480多人次赴日进修。[②] 同时，日本高校也与中国的高校合作开展一系列科学交流活动，催生了

① 《中日环境热点问题监测技术研讨交流会成功举办》，生态环境部环境发展中心网站 2018 年 6 月 14 日，http://www.china-epc.cn/gjhz_14983/zrhjhz/201806/t20180614_443169.shtml。

② 《日中环境保护合作的概况》，日本驻华大使馆网站，https://www.cn.emb-japan.go.jp/itpr_zh/eco_05_2.html。

诸多环保性能较高、节能减排效果较好的新技术与工艺。

纵观近年来中日气候合作的历史，中日两国的中央和地方政府在推动气候合作方面发挥了主角作用。从国际气候合作的发展趋势来看，市场化的运作模式将成为中日气候合作未来的路径选择。

三、中国与欧盟的气候合作

中国与欧盟之间的合作由来已久，虽在 20 世纪 90 年代就已涉及环境问题，但在 2002 年第五次中国—欧盟领导人会晤上，气候变化问题才开始成为中欧领导人会晤的重要议题。

2005 年第八次中国—欧盟领导人会晤期间，中国与欧盟发表了《中欧气候变化联合宣言》，[①] 确立了中国与欧盟气候伙伴关系，标志着气候变化真正成为中欧关系的重要内容。中欧双方的气候合作也开始突破单向援助，逐渐演变为环境、能源、低碳经济等多领域的双向合作。该联合宣言也因此成为中国与欧盟开展气候合作的正式开端。

2006 年，双方达成《中欧气候变化伙伴关系滚动工作计划》，确定主要合作方式包括欧盟通过项目援助与中方加强在 CCS 项目、清洁能源、低碳技术开发、气候变化意识和能力改善等方面的合作。

2010 年通过的《中欧气候变化对话与合作联合声明》就建立中欧气候变化部长级对话及推进务实合作交换了意见，[②] 由此形成的中欧气候变化部长级对话与合作机制意味着中欧气候合作已进入机制化阶段，为

---

① 金玲：《中欧气候变化伙伴关系十年：走向全方位务实合作》，《国际问题研究》2015 年第 5 期，第 40 页。

② 《中欧发表气候变化对话合作联合声明》，国际在线 2010 年 4 月 29 日，http://gb.cri.cn/27824/2010/04/29/3785s2834685.htm。

双方的深入交流与合作提供了必要的制度保障。

2013 年签署的《中欧合作 2020 战略规划》是中欧面向未来战略合作规划的重要文件，其在“气候变化与环境保护”部分指出，中欧要“合作建立绿色低碳发展的战略政策框架，以积极应对全球气候变化，改善环境质量和促进绿色产业合作。通过开展中欧碳排放交易能力建设合作项目，推动中国碳排放交易市场建设，运用市场机制应对气候变化”。[①]

2013 年 7 月 19 日，中欧双方公布了《关于加强环境政策对话和绿色增长合作的联合声明》，宣布启动“中欧环境可持续项目”。历经多年发展，气候变化议题已被纳入中欧长期关系的战略规划之中，并成为双方战略层面合作的重要内容，中国与欧盟气候伙伴关系也在此过程中得到不断完善与发展。

2015 年，在中欧气候伙伴关系建立十周年之际，中欧双方发表了《中欧气候变化联合声明》，总结了双方十年气候合作的成果，对面向未来的中欧气候合作作出了新的规划。该声明不仅提出要提升气候变化议题在中欧关系中的地位，而且在保持传统合作内容的基础上，增加了建立低碳城市伙伴关系，在二十国集团、经济大国能源与气候论坛、《蒙特利尔议定书》、国际民航组织、国际海事组织等相关机制方面协调气候立场，加强双方国内气候政策协调等新的内容，[②]从而使中国与欧盟层面的气候合作内容变得更加充实。中欧在应对气候变化的问题上，建立了中国与欧盟、中国与欧盟成员国、欧盟与中国地方政府等多层次的项目合作机制，如中欧清洁发展机制促进项目、中欧煤炭利用近零排放合作项目以及中欧能源 / 环境项目等。

---

① 《第十六次中欧领导人会晤发表〈中欧合作 2020 战略规划〉》，中国政府网 2013 年 11 月 23 日，http://www.gov.cn/jrzg/2013-11/23/content_2533293.htm。

② 《中欧气候变化联合声明》，《人民日报》2015 年 7 月 1 日。

在2017年第十九次中国—欧盟领导人会晤中，李克强总理同欧洲理事会主席图斯克、欧盟委员会主席容克重申了应对气候变化的重要性，以及《巴黎协定》履约的决心，并承诺在能源、环境治理、防治沙漠化、禁止毁林和非法木材贸易等领域深化合作。例如，在能源合作领域，中欧双方批准《落实〈中欧能源合作路线图〉2017—2018年度工作计划》，同意将重点在能源政策和能效标准制定、低碳能源技术、可再生能源、能源监管以及能源联网领域开展合作。[①] 在2018年《第二十次中国—欧盟领导人会晤联合声明》和《中欧领导人气候变化和清洁能源联合声明》中，双方重申了推进《巴黎协定》实施、加强气候变化和清洁能源领域合作的承诺。联合声明提出，欧盟和中国将在气候变化与清洁能源领域加强政治、技术、经济和科技合作，以此推动全球向繁荣的低碳和气候适应型经济社会及清洁能源体系转型。[②]2018年7月，中国和欧盟正式签署《关于为促进海洋治理、渔业可持续发展和海洋经济繁荣在海洋领域建立蓝色伙伴关系的宣言》，其中包括保护海洋环境、应对气候变化等内容。2020年9月14日，中欧领导人决定建立中欧环境与气候高层对话，打造中欧绿色合作伙伴。这表明，中欧双方在通过绿色合作共同应对全球性挑战、推动中欧关系迈向更高水平方面达成广泛共识。

中欧气候合作在发展过程中建立起了较为完善的制度框架，合作领域也不断深化与拓展。双方充分利用了多层次对话机制和项目式合作机制，在实践中提升了合作应对气候变化的能力，成为南北气候合作的重

① 《第十九次中国—欧盟领导人会晤成果清单》，新华网2017年6月4日，http://www.xinhuanet.com/world/2017-06/04/c_1121081995.htm。

② 《中欧加强气候变化和清洁能源领域合作》，中国气象局网站2018年7月24日，http://www.cma.gov.cn/2011xwzx/2011xmtjj/201807/t20180724_474415.html。

2019 年 1 月 15 日，“中欧长期温室气体低排放发展战略”研讨会在北京举行。

要典范。为进一步推进气候变化领域的南北合作，中欧有必要共同推动联合国框架下的全球气候变化谈判和履约进程，加强沟通，增强信任，共同推动《巴黎协定》的有效实施，在建构合作共赢的全球气候治理体系的过程中，充实中欧全面战略伙伴关系的内涵，推进南北气候合作，共同造福于人类。

四、中国与其他发达国家的气候合作

在进一步加强与发达国家在气候变化与绿色低碳发展领域的交流与合作中，中国发挥了积极作用并取得了丰硕成果。

中英两国从 20 世纪 80 年代中期开始能源领域的合作。1986 年 9 月

23 日，中国与英国、法国有关银行和公司签署了一系列协议和文件，包括关于建设中国大亚湾核电站的贷款协议和供货合同。[①] 英国首相托尼・布莱尔在 1997 年联合国成员国大会特别会议上宣布，英国将在能源效率和气候变化的研究和观测领域加强与主要发展中国家的合作伙伴关系。2000 年以来，中英在应对全球气候变化和推进产业低碳化、能源转型等多个领域加强了合作。中英可持续发展对话机制是中英两国政府建立的长期合作伙伴关系，目的是分享可持续发展的经验。此后，中英陆续签订了《中英气候变化联合声明》（2014）、《中英关于构建面向 21 世纪全球全面战略伙伴关系的联合宣言》（2015）、《中英清洁能源合作伙伴关系谅解备忘录》（2015），联合发布了“全球能源计算器”（Global Calculator）（2015）、《中英清洁能源合作伙伴关系实施行动计划》（2017），联合编写了《中英合作气候变化风险评估——气候风险指标研究》报告（2019），共同推进全球气候治理进程。

1995 年，中国环境保护部和挪威环境部签署了《中挪环境合作备忘录》，就中挪两国政府在环境保护领域加强双边合作达成共识。2008 年，两国环境部签署《环境合作谅解备忘录》，在环境政策和管理相关领域开展合作。此后中挪落实了一系列环境和气候领域合作项目，内容主要包括环境国际公约履约、大气和水污染防治、固体废物管理、化学品和有害物质管理、生物多样性保护等。挪威也为中国的环境治理提供了资金和技术支持。[②]2018 年是中挪两国政府间科技合作协定签署十周年，

① 张敏：《英国“脱欧”对中英未来能源合作的潜在影响》，《中国能源》2017 年第 2 期，第 25—28 页。

② 《中挪环境保护合作简介》，生态环境部对外合作与交流中心网站，http://www.fecomee.org.cn/ywly/sdbhz/sbhz/znhz/201108/t20110818_568608.html。

中国科学院大气物理研究所“竺可桢—南森国际研究中心”已发展成为中国与挪威两国共同应对气候变化挑战科研合作的典范。图为两国科研工作者在著名气象学家竺可桢塑像前合影。

双方表示愿意深化中挪科技创新合作，在包括环境治理、气候变化、可再生能源、极地研究、海洋科学、生命科学等领域，开展人员交流和联合研究，从而共同应对气候变化危机。[①] 同年 10 月，在中科院大气所“竺可桢—南森国际研究中心”中挪合作 15 年暨发展战略研讨会上，中挪双方科学家就气候预测、气候变化及影响、模式发展等热点科学问题进行了专题研讨。双方一致同意加强在北极气候研究等领域的合作，包括北极冰雪、水文、气象等多要素综合观测数据共享、发展气候预测系统、共建北极气候监测—预测平台。

① 《共创中挪科技创新合作新局面——中挪科技合作日在京成功举行》，科学技术部网站 2018 年 4 月 24 日，http://www.most.gov.cn/kjbgz/201804/t20180424_139220.htm。

2017 年 3 月，中国国家发展改革委与新西兰外交贸易部签署了《关于加强气候变化合作的实施安排》，重点针对国际合作、碳市场、减缓农业温室气体排放、电动汽车和充电设施四个领域提出了具体合作项目。2019 年 4 月，中国与新西兰签订《中国—新西兰领导人气候变化声明》，双方强调了对实现绿色、低碳、有韧性社会的渴望，强调通过政策交流、专家对话与最佳实践分享，强化减缓温室气体排放和促进气候韧性合作的承诺。

中国也与澳大利亚、法国、德国等多个发达国家举行气候变化双边合作机制会议，就各自的气候政策、行动方案，以及气候变化领域的双边合作交换意见，巩固与加强了现有的南北气候合作机制。例如，2018 年 7 月 9 日，中国国务院总理李克强和德国总理默克尔在柏林共同主持召开第五轮中德政府磋商，发表了《联合声明》，就未来环境保护与气候变化合作达成了系列共识。

中国与发达国家的气候合作有序推进，取得了积极成果。据统计，2010—2016 年，中国同欧盟、法国、德国、意大利、挪威、丹麦、瑞士等多个国家和地区在碳市场、能效、低碳城市和适应气候变化等领域开展了卓有成效的合作项目，从双边渠道获得的资金支持合同金额总计为 9.97 亿美元。[①] 同时，加强同发达国家间的低碳技术联合研发，进一步拓宽了双边气候合作的广度与深度，也为南北气候合作的有效推进提供了必要支持。

---

① 《中华人民共和国气候变化第二次两年更新报告》，国家应对气候变化战略研究和国际合作中心网站，http://www.ncsc.org.cn/SY/tjkhybg/202003/t20200323_770096.shtml。

第二节
中国在促进南北气候合作中的作用

中国在与发展中国家和发达国家加强双边气候合作的同时，一直致力于促进南北气候合作。在促进南北气候合作这一重大问题上，中国的基本立场是：坚持在可持续发展框架下应对气候变化；坚持共区原则；坚持减缓与适应并重；坚持以《公约》为主渠道；坚持依靠科技创新和技术转让。在策略上，强调以发展中国家为战略依托，支持和呼应发展中国家的立场和合理要求，推动发展中国家的协调与团结，同时加强与发达国家的对话与沟通，增进相互了解和理解，促进南北气候合作。多年来，中国在气候变化南北合作中扮演了重要的“桥梁”角色，加强了广大发展中国家与发达国家在气候变化领域的多层次磋商与对话，努力促进各方凝聚共识、加强合作，为推动全球气候治理进程、引导应对气候变化领域的南北合作发挥了突出作用。

一、积极推动联合国框架下的南北气候合作

中国积极推动联合国框架下的南北气候合作，主要表现在以下六个

方面。

第一，支持和捍卫共区原则。自1990年联合国启动国际气候变化谈判进程以来，谈判中南北气候合作最关键的原则是共区原则。中国作为世界上最大的发展中国家和有世界影响力的大国，始终在谈判中坚持这一原则不动摇，在确立和坚持这一原则中的过程中，发挥了中流砥柱的作用。正是因为存在这样一个体现国际气候合作公平公正的基本价值，发展中国家和发达国家之间才能在过去的30年中持续开展应对气候变化的合作。

第二，打通与各主要国家和集团对话与合作的渠道，促成发展中国家与发达国家之间相向而行。2009年哥本哈根气候大会上，发展中国家和发达国家之间在谈判中斗争激烈，各集团之间缺乏政治互信，导致哥本哈根大会未能如期完成谈判任务。哥本哈根大会之后，中方认真与美方交流和对话，双方达成了不公开对抗、不相互指责、相互交底、尊重彼此核心关切、协商找到双方都能接受的方案并做各方工作的默契，共同引导多边进程。中国根据气候变化谈判形势的需要，与发达国家和发展中国家组成不同形式的合作机制，促进南北合作。比如，为促进2009年哥本哈根大会的顺利举行，大会前中国倡导成立中国、印度、巴西、南非“基础四国”磋商机制，定期协调立场；2012年中国又倡议组成30多个亚非拉国家参加的“立场相近发展中国家”协调机制，并加强同小岛国、最不发达国家、非洲集团的对话、沟通和理解；在2017年6月美国宣布退出《巴黎协定》的情况下，为提供全球气候治理的领导力，中国与欧盟、加拿大联合建立“气候行动部长级会议”机制。通过建立这些机制，促进南北方国家之间的相互了解，增信释疑，推动合作。

第三，确立了全球绿色低碳可持续发展的目标和愿景。关于未来的长期温控目标，各国存在不同意见。2009年《哥本哈根协议》确定了本

2018 年 12 月 12 日，“基础四国”部长在联合国卡托维兹气候大会会场内联合召开新闻发布会，共同敦促发达国家兑现资金承诺。图为发布会后，中国应对气候变化事务特别代表解振华（左三）与南非代表团团长德里克·哈内克姆（左一）、印度环境部副部长阿伦·梅塔（左二）、巴西环境部长爱德森·杜阿特（右一）合影 。

世纪末将全球温升控制在工业化前水平 2℃以内的长期目标。美国等“伞形国家”以及“基础四国”认可 2℃目标；欧盟则支持小岛国、最不发达国家，要求全球 2050 年在 1990 年基础上减排 50%，进而在《巴黎协定》谈判中要求将温升控制在 1.5℃以内。《巴黎协定》借鉴中美、中法联合声明相关表述，也照顾小岛国等的关切，重申 2℃长期目标，同时认识到 1.5℃目标的重要性，并提出了全球实现低碳、气候适应型和可持续发展的共同愿景。

第四，明确发达国家出资义务。资金问题是气候变化谈判中的难题，也是发展中国家最关注的问题。发展中国家要求发达国家履行出资责任，兑现 2009 年《哥本哈根协议》规定的到 2020 年每年动员 1000 亿美元的承诺。发达国家淡化自身出资义务，强调私营部门作用，要求有能力的发展中国家承担出资义务。中国积极维护发展中国家的利益，通过中美联合声明提出“敦促”发达国家、“鼓励”其他有意愿的国家出资的表述。《巴黎协定》基于这一表述，规定发达国家继续承担出资义务，鼓励其他国家自愿出资，同时将1000亿美元目标写入巴黎大会决定，基本满足了发展中国家的诉求。

第五，说服南北各方，开启了“自下而上”的减排模式。中美等部分国家吸取《京都议定书》“自上而下”强制减排模式参与度低的教训，主张“自下而上”自主决定；欧盟则联手部分发展中国家推动“自上而下”的减排模式，不断提高减排力度。在南北各方对未来减排模式存在争议的情况下，中美在2014年联合声明中率先宣布各自2020年后行动目标，基本锁定了“自下而上”自主决定贡献的模式，带动180多个国家在巴黎大会前提交了国家自主贡献目标。《巴黎协定》认可并确定“自下而上”模式，同时采纳了中法联合声明立场，通过五年一次的全球盘点促进各方提高力度，并通过透明度、遵约机制指导各方持续履约。

第六，促成基于能力的透明度规则。统计、数据信息透明对于维护各方互信、监督促进实施至关重要，也是谈判中发达国家与发展中国家之间的一个重大分歧。发达国家要求各方遵循统一的透明度规则，不要区分。多数发展中国家表示要基于能力体现区分。《巴黎协定》基于中美、中法联合声明的表述，提出建立一个强化的透明度框架，发展中国家依各自能力享受灵活性，获得能力建设支持以持续提高透明度。2018年卡托维兹大会期间，中国与美方就透明度实施细则达成共识，形成了遵循统一框架以及发展中国家依能力自主决定过渡期的灵活性机制，推动谈判取得重要进展。卡托维兹大会最后阶段，中国帮助联合国秘书长、大会主席、《公约》秘书处执行秘书做工作，妥善解决巴西同欧盟、加拿大等发达国家在碳市场机制相关透明度问题上出现的严重分歧，促进了南方国家和北方国家相向而行。

总之，作为发展中国家的重要代表，中国一直在联合国气候变化谈判中坚持共区原则，在推进南南气候合作的同时推进南北合作的进程。尽管南北双方在对于《公约》基本原则的理解、责任分摊、透明度等方面存在诸多分歧，但中国一直秉承和平友好的理念，努力调和南北双方在气候变化领域中的立场，强调发展中国家在气候治理中的灵活性与自主性，主张发达国家应当在气候合作的资金、技术以及核查等领域给予发展中国家更多的援助与支持，共同为全球气候治理作出应有的贡献。

二、积极促进联合国框架外的南北气候合作

除了在联合国框架内促进南北气候合作，中国还积极利用其他国际多边平台，推动南北气候合作。

二十国集团（G20）是全球经济治理最主要的多边机制。中国利用2016年主办G20杭州峰会的机会，积极推动气候变化议程和南北气候合作。2016年4月，在中方倡导和各方支持下，G20峰会第二次协调人会议发表了G20历史上第一份关于气候变化问题的主席声明。声明对G20为推动巴黎气候大会进程所发挥的关键作用表示满意，敦促各方承诺尽早完成《巴黎协定》国内审批程序，推动《巴黎协定》尽快生效。

亚洲基础设施投资银行是首个由中国倡议发起的多边金融机构，现有发达国家和发展中国家成员103个。自2015年正式成立以来，亚投行发展迅速，影响日增。亚投行对绿色低碳发展，特别是发展中国家的可再生能源项目十分关注，将其作为投资重点。截至2021年1月，亚投行在发展中国家共批准新能源项目24个。

2021 年 1 月 13 日，亚洲基础设施投资银行行长金立群在新闻发布会上表示， 亚投行将不断增加应对气候变化方面的融资比重，到 2025 年气候融资占比将达到 50%。

C40 城市气候领导联盟是为应对气候变化而成立的全球性城市网络，致力于推动城市减少温室气体排放和使用高效能源，现有城市会员超过 1000 个。中国的北京、上海、广州、深圳、武汉等 13 座城市是 C40 成员。在 C40 框架下，中国的城市与发达国家和发展中国家的城市开展了多领域合作，取得了积极成果。

此外，近年来中国还与法国、日本等国家在非洲开展了应对气候变化第三方合作。

第七章

中国积极贡献全球气候治理中国方案的原因

中国参与国际气候变化谈判的 30 年，是中国日益深入参与全球气候治理的 30 年，是中国不断思考如何为全球气候治理贡献中国方案的 30 年，也是中国不断践行全球气候治理中国方案的 30 年。如何理解中国这一举动背后的动因？哪些因素在推动中国积极贡献全球气候治理的中国方案？显而易见，任何一个单一因素都难以全面解释这一现象，中国积极贡献全球气候治理中国方案是由国内外多重因素综合促成的。本章拟采用国际关系层次分析法，对此进行分析和解读。

第一节
国际因素

从国际层面看，四大因素对中国日益积极地贡献全球气候治理的中国方案起到重要的推动作用：气候变化对全球生态安全的威胁日益严峻，推动中国更关注人类共同利益，更积极参与全球气候治理；世界经济格局发生深刻调整，中国经济发展迅速，提升了国际社会对中国在全球气候治理中发挥更大作用的期待；世界温室气体排放格局发生重大变化，中国的温室气体排放增速快、总量大，面临日益增大的国际减排压力；绿色低碳发展已成全球大趋势，助推中国加速绿色低碳转型，争取国际竞争优势。

一、气候变化对全球生态安全的威胁日益严峻

近 30 年来，随着温室气体排放的不断增加（见图 17），地球温度日益升高，对全球生态安全的威胁日益上升，事关全人类的重大共同利益，引起国际社会越来越大的关注。中国是国际社会负责任的成员，所以中国在参加应对气候变化国际合作时始终将维护全球生态安全，促进

图 17 全球温室气体排放趋势

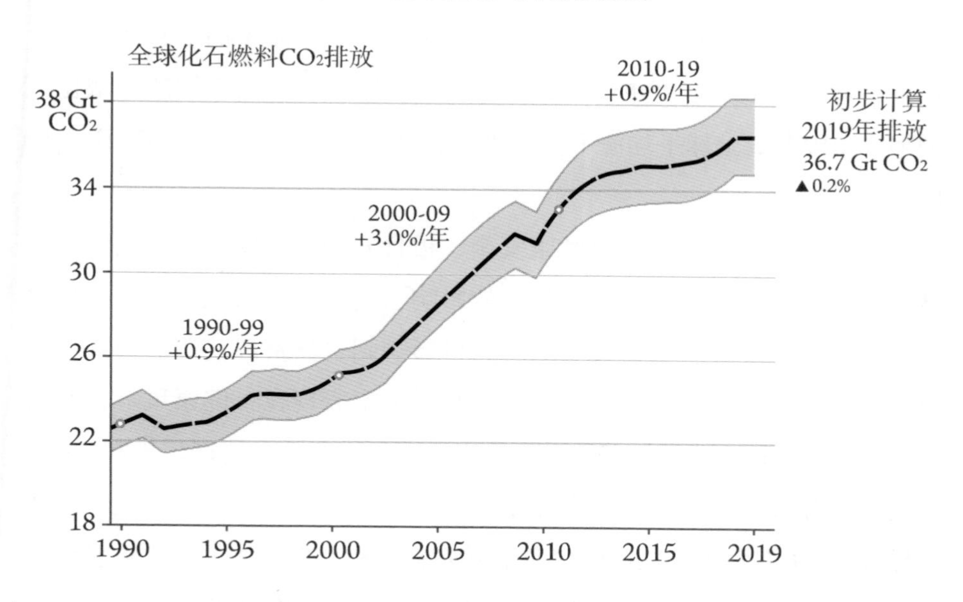

资料来源：WMO, United in Science 2020, https://public.wmo.int/en/resources/united_in_science.

人类共同利益作为重要的考量因素。

自 1990 年以来，IPCC 已发布五次评估报告，对气候变化的全球影响和危害持续开展评估。其结论越来越令人不安。第五次评估报告指出，最近几十年，气候变化已经对所有大陆上和海洋中的自然系统和人类系统造成了影响。

根据世界气象组织发布的 2019 年全球气候状况报告，2019 年的全球平均温度高于工业化前水平 1.1 ± 0.1℃。2019 年很可能是有仪器记录以来第二热的一年。之前五年（2015—2019 年）是有记录以来最热的五年，而之前十年（2010—2019 年）是有记录以来最热的十年。自 20 世纪 80 年代以来，每个连续十年都比 1850 年以来的前一个十年更热。海洋会随着变暖而膨胀，海平面会上升。陆地上的冰融化，然后流入大海，进一步加剧了海平面的上升。自有测高记录以来，海平面一直在上升，但近期海平面上升速度更快，部分原因是格陵兰岛和南极洲冰盖融化在增加。2019 年，全球平均海平面达到了有高精度测高记录（1993 年 1 月）以来的最高值。

气候相关事件已通过对健康安全、粮食安全、水安全，以及经济、基础设施和生物多样性等方面产生的影响，给社会带来风险。气候变化还对生态系统服务具有重大影响。它可影响到自然资源使用的模式，以及各地区间和国家内部的资源分配，其中突出表现在：健康风险日益增大；气候变率和极端天气继续对粮食安全和人口流离失所产生不利影响；气候变化和极端事件威胁着海洋生物及生物多样性。例如，强烈气候冲击导致 2019 年大非洲之角粮食安全形势恶化和人口流离失所形势恶化。2018 年末至 2019 年末，索马里和肯尼亚受粮食不安全影响的人口数量分别从 160 万和 70 万增加至 210 万和 310 万。到 2019 年末，估计约有 2220 万人（埃塞俄比亚 670 万人、肯尼亚 310 万人、索马里 210 万人、南苏丹 450 万人、苏丹 580 万人）处于严重粮食不安全境况，人数仅略低于 2016—2017 年间严重持久干旱期间的水平。①

情况如此严峻，以致联合国秘书长在发布《2019 年全球气候状况声明》时警告："科学告诉我们，即使我们成功地将升温限制在 1.5℃，我们也将面临自然系统和人类系统的风险显著增加的局面。然而，这份报告中的数据显示，2019 年的气温已经比工业化前时代高出了 1.1℃。其后果已经显而易见。更加严重和频繁的洪水、干旱和热带风暴、危险

---

① 《WMO 2019 年全球气候状况声明》，世界气象组织网站，https://library.wmo.int/doc_num.php?explnum_id=10216。

的热浪，以及不断上升的海平面，已不断在严重威胁整个地球上的生命和生计。”[①]

20 世纪 80 年代末，国际社会对气候变化引发的海平面上升、极端气候事件增多以及对农业的负面影响增加等现象开始表示忧虑和关切。中国也逐渐意识到，气候变化的影响和危害将深入到国民经济的各个部门和社会生活的各个方面，因此必须给予重视，并将其列入国家议事日程。同时，气候变化是个全球性问题，靠一个国家或少数国家都是不行的，因此，中国应该积极参加国际合作。[②]

1989 年 10 月，时任国务委员宋健指出，对臭氧层、温室效应这一类问题，中国政府的态度是严肃、认真的。中国积极参加国际合作，承担力所能及的任务，为人类作出贡献。这是中国的基本政策和基本态度。[③]30 年来，中国积极维护全球生态安全这一基本立场从未改变。2007 年发布的《中国应对气候变化国家方案》明确指出，中国应对气候变化的指导思想是："全面贯彻落实科学发展观，推动构建社会主义和谐社会，坚持节约资源和保护环境的基本国策，以控制温室气体排放、增强可持续发展能力为目标，以保障经济发展为核心，以节约能源、优化能源结构、加强生态保护和建设为重点，以科学技术进步为支撑，不断提高应对气候变化的能力，为保护全球气候作出新的贡献。"中共十七大提出，"加强应对气候变化能力建设，为保护全球气候作出新贡献。"中共十八届五中全会提出，"坚持绿色发展，必须坚持节约资源

---

① 《WMO 2019 年全球气候状况声明》，世界气象组织网站，https://library.wmo.int/doc_num.php?explnum_id=10216。

② 国务院环境保护委员会秘书处编：《国务院环境保护委员会文件汇编（二）》，北京：中国环境科学出版社，1995 年，第 64 页。

③ 同上，第 72 页。

受气候变化影响，索马里大部分地区降雨量连续多年不足，当地数百万民众陷入饥荒。

和保护环境的基本国策，坚持可持续发展，坚定走生产发展、生活富裕、生态良好的文明发展道路，加快建设资源节约型、环境友好型社会，形成人与自然和谐发展现代化建设新格局，推进美丽中国建设，为全球生态安全作出新贡献。”中共十九大报告强调：“要坚持环境友好，合作应对气候变化，保护好人类赖以生存的地球家园。”

二、世界经济格局发生深刻调整

冷战结束以后，国际格局由两极向一超多强方向发展。进入 21 世纪尤其是 2008 年国际金融经济危机以来，多极化在不同层面和不同领域不断扩展，向全新的广度和深度持续深化。发展中国家的群体性崛起，使国际力量对比总体上变得越来越平衡，2020 年的新冠肺炎疫情更加剧了这一变化趋势。世界经济格局的重大变化尤其令人瞩目。从全球范围看，传统发达国家和新兴经济体、广大发展中国家之间的差距不断缩小。按汇率法计算，新兴经济体和发展中国家的经济总量在全世界所占比重已经接近40%，对世界经济增长的贡献率已经达到80%；如果保持现在的发展速度，10年后新兴经济体和发展中国家的经济总量将接近世界总量的一半，这将使全球发展的版图变得更加全面均衡。这是近代以来国际力量对比中最具革命性的、历史性的变化。其中，中国的经济发展成就又最为突出。1978年，中国国内生产总值世界排名第11位；2010年，超越日本成为世界第二大经济体，并在此后稳居世界第二位。中国经济占世界经济总量的比重持续提升。2012年，中国GDP占世界总量的11.4%，比1978年提高了9.6个百分点；2018年，中国GDP占世界总量的15.9%，比2012年提高了4.5个百分点。[①]2019年，中国GDP接近100万亿元，占世界经济总量比重超过16%，对世界经济的贡献率达到30%左右。

在经济总量大幅提高的同时，中国人均国民总收入（GNI）不断迈上新台阶，总体上达到中等偏上收入国家水平。2000年，中国人均GNI只有940美元，属于世界银行根据人均GNI划分的中等偏下收入国家行列；2010年，中国人均GNI达到4340美元，首次达到中等偏上收入国家标准；2019年，中国人均GNI进一步上升至10410美元，首次突破1万美元大关，高于中等偏上收入国家9074美元的平均水平。2000年，在世界银行公布人均GNI数据的207个国家和地区中，中国排名仅为第141位；2019年，在公布数据的192个国家和地区中，中国上升至第71位，较2000年提高70位。[②]

与此同时，中国的人类发展指数逐年提高，迈向“高人类发展水平”

① 《国际地位显著提高 国际影响力持续增强——新中国成立70周年经济社会发展成就系列报告之二十三》，国家统计局网站2019年8月29日，http://www.stats.gov.cn/tjsj/zxfb/201908/t20190829_1694202.html。

② 张军：《从民生指标国际比较看全面建成小康社会成就》，《人民日报》2020年8月7日。

中国创造的经济奇迹让世界为之惊叹。图为改革开放 40 多年来，深圳由昔日小渔村发展成为一座国际大都市。

行列。人类发展指数（HDI）由联合国开发计划署编制，通过出生时预期寿命、教育水平和收入水平三大类指标，反映居民生活质量的综合发展状况。2000 年，中国人类发展指数为 0.591，低于 0.641 的世界平均水平，在公布人类发展指数的 174 个国家和地区中，排名第 111 位；2018 年，中国人类发展指数上升至 0.758，在公布人类发展指数的 189 个国家和地区中，排名第 85 位，较 2000 年提高 26 位，是同期排名提升幅度最大的国家之一，并成为 1990 年引入该指数以来，世界上唯一一个从“低人类发展水平”跃升到“高人类发展水平”的国家。①

世界经济格局的重大变化和中国经济的快速发展，客观上提高了国际

① 《国际地位显著提高 国际影响力持续增强——新中国成立 70 周年经济社会发展成就系列报告之二十三》，国家统计局网站 2019 年 8 月 29 日，http://www.stats.gov.cn/tjsj/zxfb/201908/t20190829_1694202.html。

社会对中国在全球气候治理中发挥更大作用的期待。对这种期待，中国政府有深刻认识并积极回应。正如习近平总书记所说，“坚持发展中国家定位，把维护我国利益同维护广大发展中国家共同利益结合起来，坚持权利和义务相平衡，不仅要看到我国发展对世界的要求，也要看到国际社会对我国的期待。”[①]他指出，“随着国力不断增强，中国将在力所能及范围内承担更多国际责任和义务，为人类和平与发展作出更大贡献。”[②]

“十三五”（2016—2020年）规划纲要专门设置第四十六章“积极应对全球气候变化”，强调要“深度参与全球气候治理，为应对全球气候变化作出贡献”，要“坚持共同但有区别的责任原则、公平原则、各自能力原则，积极承担与我国基本国情、发展阶段和实际能力相符的国际义务，落实强化应对气候变化行动的国家自主贡献”。“十四五”（2021—2025年）规划纲要强调，“落实2030年应对气候变化国家自主贡献目标，制定2030年前碳排放达峰行动方案”，“锚定努力争取2060年前实现碳中和，采取更加有力的政策和措施”，“坚持公平、共同但有区别的责任及各自能力原则，建设性参与和引领应对气候变化国际合作，推动落实《联合国气候变化框架公约》及其《巴黎协定》，积极开展气候变化南南合作”。

中国日益走近世界舞台的中心，国际社会对中国发挥更大作用的期待也明显增强，越来越多的国家希望中国能够为事关人类发展与安全重大问题的解决投入更多力量，贡献更多智慧。事实上，国际政治、经济、安全等各领域诸多问题的解决也越来越离不开中国的参与，这些问题的

① 《习近平在中共中央政治局第二十七次集体学习时强调 推动全球治理体制更加公正更加合理 为我国发展和世界和平创造有利条件》，中国政府网2015年10月13日，http://www.gov.cn/xinwen/2015-10/13/content_2946293.htm。

② 《习近平：将量力承担更多责任义务》，人民网2013年3月20日，http://theory.people.com.cn/n/2013/0320/c49150-20848996.html。

解决也越来越关系到中国的切身利益和前途命运。积极承担国际责任和义务，符合当前中国历史方位，顺应时代发展潮流，回应了国际社会对中国的期待。虽然中国仍然是一个发展中国家，自身还面临艰巨的发展任务，但积极承担国际责任和义务符合中国根本和长远利益。中国将在力所能及范围内尽可能承担更大国际责任和义务。[①]

三、全球温室气体排放格局发生重大变化

从 1850 年至今，发达国家温室气体的累计排放总量远远高于发展中国家，这是不争的事实。但自 1990 年国际气候变化谈判开展以来，全球温室气体排放的格局已发生重要变化，包括中国在内的发展中国家的温室气体排放增速和排放总量均上升较快，经历了从谈判初期发达国家排放占比大于发展中国家到发展中国家占比大于发达国家的过程。1990 年，《公约》附件一国家（发达国家和转型国家）的二氧化碳排放占全世界排放总量的比例为 68.9%，占比超过 2/3，非附件一国家（发展中国家）只占世界排放总量的 31.1%；2016 年，附件一国家只占 39.4%，而非附件一国家占比超过 60%，达到 60.6%。[②] 另见图 18。

根据《中国气候变化第二次两年更新报告》，中国在 1994 年、2005 年、2010 年、2012 年和 2014 年的 CO_2 排放量（不包括土地利用及其变化、林业等碳吸收汇）分别为 30.7 亿吨、63.8 亿吨、87.1 亿吨、98.9 亿吨和 102.8 亿吨，2014 年的排放量约为 1994 年的 3.3 倍。各时段 CO_2 排放量的年均增长率分别为 6.9%、6.4%、6.6% 和 1.9%，总体上 CO_2 排放量

① 杨洁篪：《积极承担国际责任和义务》，《人民日报》2015 年 11 月 23 日 06 版。

② IEA, CO_2 Emissions from Fossil Fuel Combustion, 2018.

图 18 全球温室气体排放及主要经济体对比

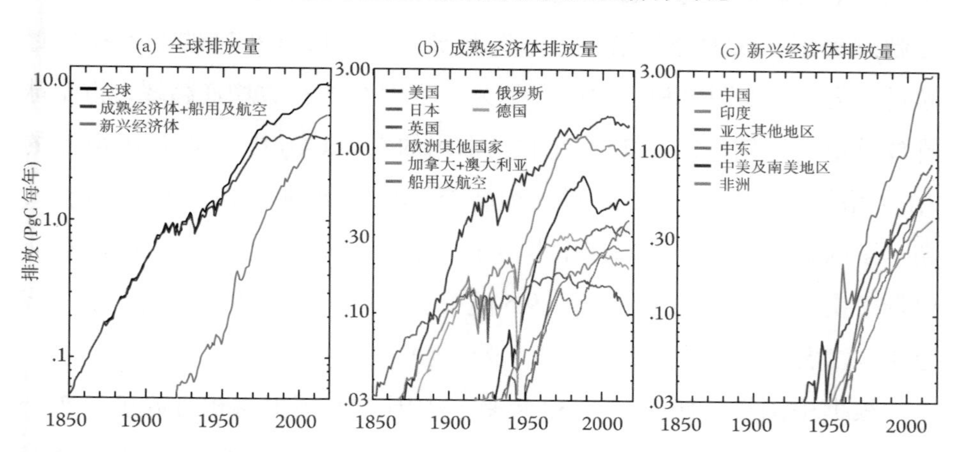

注：俄罗斯 1850—1990 年的排放量是按苏联时期排放量的 60% 统计的。

资料来源：James Hansen, et.al., 2017. Young people's burden: requirement of negative CO_2 emissions, Earth System Dynamics, Vol. 8, p.579.

快速增长，但 2012 年后增速趋缓。根据英国石油公司（BP）的报告，1990 年中国 CO_2 排放量为 2323.8 百万吨，占全球总量的 10.9%；2005 年中国 CO_2 排放量为 6098.2 百万吨，占全球总量的 21.6%；2015 年中国 CO_2 排放量为 9186 百万吨，占全球总量的 28%；2019 年中国 CO_2 排放量为 9825.8 百万吨，占全球总量的 28.8%。[①]

另外，根据全球碳项目（GCP）提供的数据，[②]1990—2017 年，中国 CO_2 排放量在全球排放总量中的比例从 10.9% 增至 27.1%；同期，美国、欧盟、日本占全球排放总量的比例分别从 23.0%、20.1% 和 5.2% 下降到 14.6%、9.7% 和 3.3%。1990 年以来，全球 CO_2 排放量增长了 139.7

① BP-Statistical Review of World Energy 2020.

② http://www.globalcarbonatlas.org/en/CO_2-emissions.

亿吨，中国贡献了约73.6亿吨，占全球增量的52.7%。2006年，中国已经超过美国，成为全球第一大CO_2排放国；2012年中国的CO_2排放量超过了美国与欧盟之和。2012年以来，中国CO_2排放增速趋缓，占全球排放总量的比例稳定在27%左右。中国的人均CO_2排放量从1990年的2.1吨增加到2017年的6.98吨，远高于印度（1.8吨）和巴西（2.3吨），超过了欧盟（6.96吨），且比世界平均水平高45.8%。但是，中国目前仍低于南非（8.0吨）、日本（9.5吨）和美国（16.2吨），也低于经济合作与发展组织成员国的平均值（9.8吨）。

根据中国学者研究，近30年来，中国CO_2历史累积排放量仅次于美国和欧盟（见图19）。1870—2017年，中国CO_2累积排放量占全球的比例为13.0%，低于美国的25.8%和欧盟的22.3%。但若以1990年为起算点，中国的累积排放量占比将高达五分之一，与美国相当，超过其他国家和集团。[①]

随着中国温室气体排放量的增加，中国作为碳排放大国的形象也日渐凸显，在国际气候变化谈判中面临的国际减排压力呈现上升态势。这种态势在哥本哈根气候大会之后的国际气候变化谈判中表现得越来越明显。[②]其实在此之前，中国政府已开始感知到来自国际的压力，并有所回应。2007年11月，时任国务院总理温家宝在新加坡出席第三届东亚峰会时提到，"国际舆论比较关注中国二氧化碳排放总量，但不要忽视这样一些基本事实：中国人口占世界总人口21%；中国人均二氧化碳排放还比较低，不到发达国家平均水平的三分之一；中国仍有2000多万农村贫困人口和

① 巢清尘：《全球气候治理的学理依据与中国面临的挑战和机遇》，《阅江学刊》2020年第1期，第40页。

② 详情可参考地球谈判公报（Earth Negotiations Bulletin , ENB）网站，https://enb.iisd.org/enb/plus-services/。

图 19 主要国家的人均二氧化碳排放量

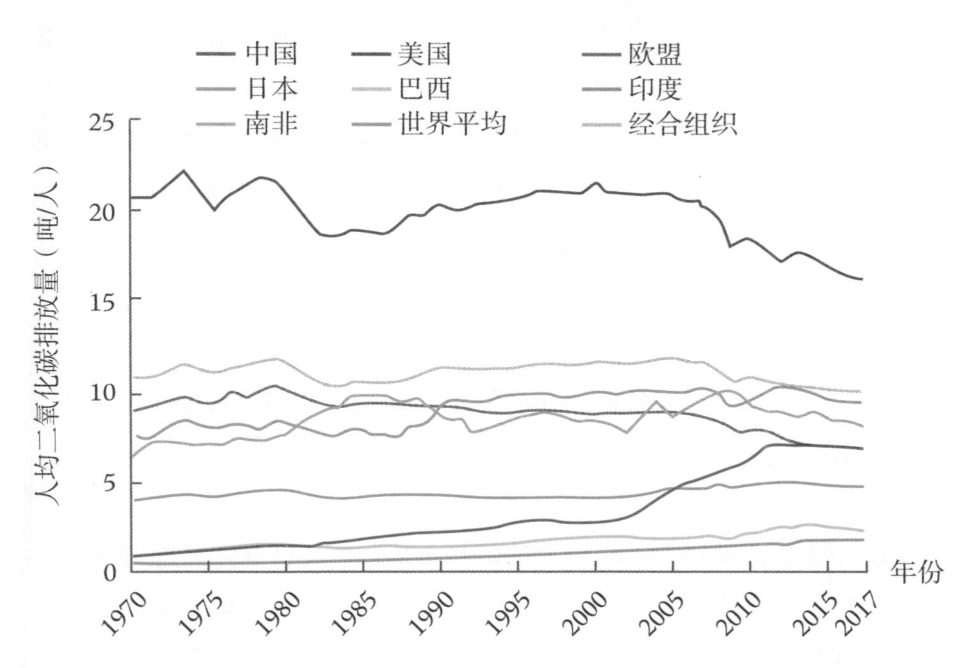

数据来源：GCP

2200 多万城市最低生活保障线以下人口，城乡和区域经济社会发展还不平衡。为了改善和提高 13 亿中国人民的生活水平和生活质量，中国的‘发展排放’在一定时期难免会有所增加。作为一个制造业大国，中国生产的商品为世界各国享用，但却承受着‘转移排放’带来的越来越大的压力。我们希望，各方在关注中国的排放时要充分注意到这两个因素。”

四、绿色低碳发展已成全球大趋势

伴随国际气候变化谈判进程，尤其是进入 21 世纪以来，绿色低碳发展逐渐成为各国的战略选择。2015 年《巴黎协定》的达成，意味着全球绿色低碳转型已是大势所趋。当前全球绿色低碳转型的大趋势主要体现在：

第一，中国、欧盟、美国、日本、韩国等都出台了低碳转型的战略与规划。欧盟 2019 年底发布“绿色新政”，承诺于 2050 年前实现碳中和，并出台了关于能源、工业、交通等七个方面的政策和措施路线图。美国众议院在 2020 年 6 月发布《气候危机行动计划》报告，提出将应对气候变化作为国家的首要任务，要实现 2050 年温室气体排放比 2010 年减少 88%、CO_2 净零排放目标，并从经济、就业、公共健康等领域详细阐述了未来拟采取的措施。

第二，全球能源体系快速转型。2000 年以来，全球能源系统正在经历快速的清洁低碳转型，从传统的以化石能源为主转向以新能源和可再生能源为主，全球再电气化的趋势还将持续较长一段时间，煤炭的退出成为全球性大趋势。全球煤炭消费量自 2013 年之后呈现明显下降，煤炭在一次能源消费中所占的比重已经从 1965 年的 37% 下降至 2019 年的 27%。同时，可再生能源成为全球能源转型的发展方向和世界能源供应增长的主体。全球已有近 180 个国家制定了推动可再生能源发展的目标或政策；2010—2019 年，全球净增发电装机容量中，70% 以上是光电和风电。

第三，技术创新方兴未艾。欧盟为实现“欧盟新政”的目标，决定拨款 941 亿美元设立研发项目“地平线欧洲（2021—2027）”，支持有关研究和创新工作，该项目预算中至少有 35% 的资金将用于资助新的气候解决方案。美国新任总统拜登表示，美国将重点发展零碳电力、零碳交通及零排放汽车、零碳建筑、零废物制造业，并推动碳捕集、下一代

2018 年 12 月 8 日，正在波兰卡托维兹举行的联合国气候大会议程已过半，数千环保人士在当地举行游行示威，呼吁各国加快能源转型，落实气候承诺。

核能、电动汽车等前沿技术创新。

第四，绿色金融快速发展。自 2013 年世界银行宣布退出煤炭和煤电领域的投资以来，截至 2019 年 2 月，已有 100 多家全球性金融机构宣布退出或限制在煤炭和煤电领域投资的政策或声明，有 34 家全球性私有商业银行宣布退出或限制煤炭行业的投资，这有力助推了世界范围内的能源体系变革。

第五，社会参与的积极性空前高涨。据联合国统计，截至 2019 年 9 月，全球共有 102 个城市承诺将在 2050 年实现净零碳排放，已有墨尔本、哥本哈根、斯德哥尔摩等 20 多个城市提出早于 2050 年实现城市零排放。企业特别是跨国公司在通往净零排放道路中发挥着关键作用。据不完全统计，已有 100 多个跨国公司和高校提出不晚于 2050 年实现碳中和的目标和计划。[①]

由此可见，全球正迎来一场以低碳为特征的产业革命和技术竞争。在全球绿色低碳发展的大趋势推动下，中国政府与时俱进，顺势而为，化挑战为机遇，及时将应对气候变化转化为加快转变经济发展方式和推进产业转型升级的重大机遇，应对气候变化的内生动力不断增强。这一点在 2015 年中共中央、国务院发布的《关于加快推进生态文明建设的意见》中反映得很充分。该文件特别强调，“统筹国内国际两个大局，以全球视野加快推进生态文明建设，树立负责任大国形象，把绿色发展转化为新的综合国力、综合影响力和国际竞争新优势。”

① 杨秀、董文娟：《绿色低碳，他国的“言”与“行”》，《光明日报》2021 年 1 月 31 日。

第二节
国家因素

从国家层面来看，中国发展阶段的变化是不断推动中国日益积极参与全球气候治理的关键因素；气候变化对中国的负面影响日益突出也是重要因素。

一、中国发展阶段的变化

中国参加国际气候变化谈判的30年是中国发展阶段不断跃迁的30年，是中国从低收入国家迈向中高收入国家的30年，是中国社会主要矛盾发生重大变化的30年，是中国从高速增长转向高质量增长的30年。

1990年，中国人均GNI只有330美元，经济落后，经济发展任务十分紧迫而繁重。中国社会的主要矛盾是“人民日益增长的物质文化需要同落后的社会生产之间的矛盾”，所以以经济建设为中心，追求GDP高速增长是20世纪90年代以来很长一个时期的中心工作。这一点在1992年中共十四大报告中得到有力反映。十四大报告强调，要把建设有中国特色社会主义的伟大事业推向前进，最根本的是坚持党的基本路线，加快改革开放，集中精力把经济建设搞上去。如果经济发展慢了，社会主义制度的巩固和国家的长治久安都会遇到极大困难。所以，经济能不能加快发展，不仅是重大的经济问题，而且是重大的政治问题。报告提出，90 年代中国经济的发展速度，原定为国民生产总值平均每年增长 6%，现在从国际国内形势的发展情况来看，可以更快一些。根据初步测算，增长 8%—9% 是可能的，应该向这个目标前进。所以，在气候变化谈判初期，中国的立场很明确，即就目前情况而言，中国的中心任务是发展经济，而能源工业又是关键。[①]

随着经济的不断发展，中国人均国民总收入不断迈上新台阶，总体上达到中等偏上收入国家水平。2010 年，中国人均 GNI 首次达到中等偏上收入国家标准；2019 年，中国人均 GNI 首次突破 1 万美元大关，进入中等偏上收入国家行列。

2014 年 12 月，习近平总书记在中央经济工作会议上正式提出，“经济工作要适应经济发展新常态。”新常态下的中国经济，具有从高速增长转为中高速增长、经济结构不断优化升级和从要素驱动、投资驱动转向创新驱动这三个特征。习近平指出，“认识新常态，适应新常态，引领新常态，是当前和今后一个时期我国经济发展的大逻辑。”经济新常态下，中国提出了“创新、协调、绿色、开放、共享”的发展理念，以创新发展转换发展动力，以绿色发展转变发展方式，经济发展更加注重质量和效益，通过加速经济结构调整和产业转型升级，实现提质增效，建立绿色低碳循环发展的可持续经济体系。

2017 年，习近平总书记在中共十九大上宣布，经过长期努力，中国

---

① 国务院环境保护委员会秘书处编：《国务院环境保护委员会文件汇编（二）》，北京：中国环境科学出版社，1995 年，第 259 页。

特色社会主义进入了新时代，我国经济实力、科技实力、国防实力、综合国力进入世界前列。近代以来久经磨难的中华民族迎来了从站起来、富起来到强起来的伟大飞跃。中国社会主要矛盾已经转化为人民日益增长的美好生活需要和不平衡不充分的发展之间的矛盾。他强调，必须认识到，社会主要矛盾的变化是关系全局的历史性变化，对党和国家工作提出了许多新要求。我们要在继续推动发展的基础上，着力解决好发展不平衡不充分问题，大力提升发展质量和效益，更好满足人民在经济、政治、文化、社会、生态等方面日益增长的需要，更好推动人的全面发展、社会全面进步。他宣布，中国经济已由高速增长阶段转向高质量发展阶段。高质量发展，就是能够很好满足人民日益增长的美好生活需要的发展，是体现新发展理念的发展，是创新成为第一动力、协调成为内生特点、绿色成为普遍形态、开放成为必由之路、共享成为根本目的的发展。高质量发展阶段，我们并不刻意地追求经济增速，而是追求有质量、有效益的合理增速。

中国发展阶段的上述变化，催生了中国在参加全球气候治理进程中的四大变化：

第一，绿色低碳发展在中国国家发展战略中的地位日益重要，中国的气候变化谈判立场也随之调整，更加积极进取。

绿色低碳发展在中国国家发展战略中的地位日益上升的态势，集中体现在 1992 年以来中国共产党历次全国代表大会的报告之中。1992 年中共十四大报告强调，要“认真执行控制人口增长和加强环境保护的基本国策”，“要增强全民族的环境意识，保护和合理利用土地、矿藏、森林、水等自然资源，努力改善生态环境”。2007 年中共十七大报告明确提出要建设资源节约型、环境友好型社会。报告强调，“实现未来经济发展目标，关键要在加快转变经济发展方式、完善社会主义市场经济体制方面取得重大进展。要大力推进经济结构战略性调整，更加注重提高自主创新能力、提高节能环保水平、提高经济整体素质和国际竞争力。必须贯彻落实科学发展观，必须坚持全面协调可持续发展”，“要按照中国特色社会主义事业总体布局，全面推进经济建设、政治建设、文化建设、社会建设，促进现代化建设各个环节、各个方面相协调，促进生产关系与生产力、上层建筑与经济基础相协调。坚持生产发展、生活富裕、生态良好的文明发展道路，建设资源节约型、环境友好型社会，实现速度和结构质量效益相统一、经济发展与人口资源环境相协调，使人民在良好生态环境中生产生活，实现经济社会永续发展”。2012 年中共十八大报告将绿色低碳发展提高到一个新的高度。报告指出，“建设中国特色社会主义，总依据是社会主义初级阶段，总体布局是五位一体，总任务是实现社会主义现代化和中华民族伟大复兴。”报告对“五位一体”总体布局的阐述是，“全面推进经济建设、政治建设、文化建设、社会建设、生态文明建设，实现以人为本、全面协调可持续的科学发展”。十八大报告中还首次将建设美丽中国作为执政理念之一。报告指出，“建设生态文明，是关系人民福祉、关乎民族未来的长远大计。面对资源约束趋紧、环境污染严重、生态系统退化的严峻形势，必须树立尊重自然、顺应自然、保护自然的生态文明理念，把生态文明建设放在突出地位，融入经济建设、政治建设、文化建设、社会建设各方面和全过程，努力建设美丽中国，实现中华民族永续发展。”2017 年中共十九大报告更进一步，首次将“美丽”作为中国社会主义现代化强国的限定词。报告明确指出，中国 21 世纪中叶的目标是“把我国建成富强民主文明和谐美丽的社会主义现代化强国”。

任何国家参加国际谈判，其出发点都是要服务其国家利益和国家重大战略。中国参加国际气候变化谈判也不例外。2014 年以来，习近平总书记多次强调，应对气候变化不是别人要我们做，而是我们自己要做，是中国可持续发展的内在要求，是主动承担应对气候变化国际责任、推动构建人类命运共同体的责任担当。“应对气候变化是推动我国经济高质量发展和生态文明建设的重要抓手，是参与全球治理和坚持多边主义的重要领域，事关我国发展的全局和长远。”[①] 中国从国际气候变化谈判的参与者和贡献者向引领者转变，归根到底是中国将生态文明建设上升为中国基本的国家发展战略的结果。

第二，中国应对气候变化的能力不断提升。

有效应对气候变化不仅需要强烈的意愿，更需要强大的能力。强大的能力体现在许多方面，比如制度建设、社会的广泛参与等，其中最重要的是资金和技术。这也是国际气候变化谈判中发展中国家和发达国家争论的焦点之一。随着中国经济的持续快速发展，中国在绿色低碳领域的资金投入和技术水平不断增长和提升。有关数据显示，中国环境保护投入不断增长，特别是进入 21 世纪以来，国家积极拓宽环境保护投资渠道，提高资金保障水平，环境保护投入跨越式增长。20 世纪 80 年代初期，全国环境污染治理投资每年为 25 亿—30 亿元，到 80 年代末期年度投资总额超过 100 亿元；“九五”（1996—2000）期末，投资总额达到 1010 亿元，占同期国内生产总值的比重首次突破 1%；“十五”（2001—2005）期末，投资总额达到 2565 亿元，占同期国内生产总值的 1.37%；“十一五”（2006—2010）期末，投资总额达到 7612 亿元，占同期国内生产总值的 1.84%；“十二五”（2011—2015）期末，投资总额达到 8806 亿元，占同期国内生产总值的 1.28%。2017 年，全国环境污染治理

① 孙金龙、黄润秋：《坚决贯彻落实习近平总书记重要宣示，以更大力度推进应对气候变化工作》，《光明日报》2020 年 9 月 30 日 07 版。

投资总额为 9539 亿元，比 2001 年增长 7.2 倍，年均增长 14.0%。其中，城镇环境基础设施建设投资 6086 亿元，增长 8.3 倍，年均增长 14.9%；工业污染源治理投资 682 亿元，增长 2.9 倍，年均增长 8.9%；当年完成环境保护验收项目环境保护投资 2772 亿元，增长 7.2 倍，年均增长 14.1%。①

另以可再生能源为例，2020 年联合国环境规划署发布《2019 可再生能源投资全球趋势》报告。报告显示，在过去 10 年间，中国是全球可再生能源领域的最大投资国，从 2010 年至 2019 年上半年，以 7580 亿美元的投资额位居榜首。同期，美国以 3560 亿美元可再生能源投资额位居第二，日本以 2020 亿美元排名第三；欧洲可再生能源投资额为 6980 亿美元，其中德国贡献最多，达 1790 亿美元，英国则为 1220 亿美元。联合国再生能源咨询机构（REN21）发布的《2019 全球可再生能源研究报告》显示，中国连续第七年成为全球可再生能源的最大投资国，2018 年中国对可再生能源的投资几乎占世界的 1/3，达 912 亿美元。相比之下，美国对可再生能源的投资为 485 亿美元，欧盟为 612 亿美元。中国的可再生能源供应日益增长，其可再生能源技术也处于主导地位——包括中国已经成为全球电动汽车生产和销售的领跑者。② 中国作为“可再生能源第一大国”，风电、太阳能等可再生能源装机容量均为世界第一。截至 2020 年底，全国并网风电装机 2.81 亿千瓦，光伏并网装机 2.53 亿千瓦。中国可再生能源技术装备水平显著提升，关键零部件基本实现国产化，相关新增专利数量居于国际前列，并构建了具有国际先进水平的完整产

① 《环境保护效果持续显现 生态文明建设日益加强——新中国成立 70 周年经济社会发展成就系列报告之五》，国家统计局网站 2019 年 7 月 18 日，http://www.stats.gov.cn/ztjc/zthd/sjtjr/d10j/70cj/201909/t20190906_1696312.html。

② REN21, Renewables 2019.

2017 年 12 月 12 日，中国气候变化事务特别代表解振华在巴黎出席“一个星球”气候行动融资峰会时分享中国的成功经验。他表示，中国近年来的实践显示，建立长期、有效、有力度的应对气候变化和国家自主贡献目标并制定配套政策，有利于吸引、调动全社会的资金和技术投向绿色低碳发展。

业链。中国已成为世界第一大风机和光伏设备生产国，国际竞争力大幅度提升。[①]

第三，中国的气候变化谈判队伍日益壮大，谈判能力日益增强。

随着中国经济实力和科技实力的增强，在各部门的重视支持下，经过多年参加气候变化国际谈判，中国已经锻炼培养了一支近百人、以“70后”“80 后”为主体的谈判队伍。这支队伍的平均年龄比很多国家的谈判队伍年轻 10 岁左右。他们政治过硬、忠诚祖国、了解多边事务、外语过关、专业敬业、熟悉谈判技巧、甘于奉献。中国的谈判代表在谈判

① 王克：《中国引领全球可再生能源发展》，《人民日报海外版》2019 年 8 月 22 日。

中十分严谨认真，与主要缔约方反复磋商，找到各方都能接受的措辞、表述。《巴黎协定》及其实施细则中很多条款和用词的表述都有中国的智慧和贡献，也保证了在最后通过的案文中反映了中国和其他发展中国家的合理诉求。这支队伍是中国参与国际事务、多边外交和全球治理的一支生力军，也是国家的一笔人力资源财富。[①]其中，长期担任中国气候变化谈判代表团团长的解振华发挥了重要的指导作用。

第四，中国推动南南气候合作，开展气候对外援助的能力不断增强。

随着中国应对气候变化能力的增强，中国支持发展中国家应对气候变化的力度也逐渐加大。中国可再生能源的发展，包括技术水平的提升以及市场规模扩大带来的成本下降，使得可再生能源的利用门槛大幅度降低，这为可再生能源在世界范围内的蓬勃发展作出了巨大贡献。通过“一带一路”以及南南合作等机制，中国帮助广大发展中国家建设了一批清洁能源项目。中国在加蓬等国开展的清洁能源示范项目，在帮助其增加电力供应的同时，减少了对环境的不利影响。中国支持的肯尼亚加里萨光伏发电站，年均发电量超过 7600 万千瓦时，每年帮助其减少 6.4 万吨二氧化碳排放。中国援斐济小水电站，为当地提供清洁、稳定、价格低廉的能源，每年为斐济节省约 600 万元人民币的柴油进口，助力斐济实现其“2025 年前可再生能源占比 90%”的目标。2013—2018 年，中国共在发展中国家建设应对气候变化成套项目 13 个，其中风能、太阳能 10 个，沼气 1 个，小水电 2 个。[②]

中国积极帮助发展中国家特别是小岛屿国家、非洲国家和最不发达国

① 解振华：《坚持积极应对气候变化战略定力 继续做全球生态文明建设的重要参与者、贡献者和引领者——纪念〈巴黎协定〉达成五周年》，《中国环境报》2020 年 12 月 14 日。

② 《新时代的中国国际发展合作》白皮书，国务院新闻办公室网站 2021 年 1 月 10 日，http://www.scio.gov.cn/zfbps/32832/Document/1696685/1696685.htm。

家提升应对气候变化能力，减少气候变化带来的不利影响。2015 年中国宣布设立气候变化南南合作基金，在发展中国家开展 10 个低碳示范区、100 个减缓和适应气候变化项目及 1000 个应对气候变化培训名额的“十百千”项目，截至目前已与 34 个国家开展了合作项目。中国帮助老挝、埃塞俄比亚等国编制环境保护、清洁能源等领域发展规划，加快其绿色低碳转型进程。中国向缅甸等国赠送太阳能户用发电系统和清洁炉灶，既降低碳排放又有效保护了森林资源。中国赠埃塞俄比亚微小卫星成功发射，帮助其提升气候灾害预警监测和应对气候变化能力。2013—2018 年，中国共举办 200 余期气候变化和生态环保主题研修项目，并在学历学位项目中设置了环境管理与可持续发展等专业，为有关国家培训 5000 余名人员。①

二、气候变化对中国的负面影响增大

最大限度减少气候变化对中国的影响，维护中国的生态安全始终是中国参加国际气候变化谈判的主要驱动因素之一。2007 年 6 月，时任中国外交部部长助理崔天凯在记者会上表示，“中国人口占世界人口的五分之一，也就是说，受全球气候变化影响的人中，每五人就有一个中国人，所以中国政府高度重视这个问题。”②

在谈判初期，中国对气候变化对中国的影响，包括对农业和中国沿海地区的影响程度，认识尚且有限。③

① 《新时代的中国国际发展合作》白皮书，国务院新闻办公室网站 2021 年 1 月 10 日，http://www.scio.gov.cn/zfbps/32832/Document/1696685/1696685.htm。

② 《胡锦涛将谈气候问题》，中国日报网环球在线 2007 年 6 月 5 日，http://www.chinadaily.com.cn/hqzg/2007-06/05/content_887189.htm。

③ 国务院环境保护委员会秘书处编：《国务院环境保护委员会文件汇编（二）》，北京：中国环境科学出版社，1995 年。

2011 年 11 月，中国发布《第二次气候变化国家评估报告》。报告预测，未来中国海平面将继续上升，到 2030 年，全海域海平面上升将达到 80—130mm。图为航拍山东省青岛市海岸线。

随着对气候变化的研究力度逐渐加大，中国对气候变化的负面影响认知越来越全面和深入。2006 年中国发布第一次《气候变化国家评估报告》，指出气候变化已有的影响是现实的、多方面的。各个领域和地区都存在有利和不利影响，但以不利影响为主。气候变化对中国的影响主要集中在农业、水资源、自然生态系统和海岸带等方面，可能导致农业生产不稳定性增加、南方地区洪涝灾害加重、北方地区水资源供需矛盾加剧、森林和草原等生态系统退化、生物灾害频发、生物多样性锐减、台风和风暴潮频发、沿海地带灾害加剧、有关重大工程建设和运营安全受到影响。[①] 此后发布的第二次和第三次国家评估报告都强调，气候变化对中国的负面影响更加广泛和严重。

① 《气候变化国家评估报告》编写委员会:《气候变化国家评估报告》，北京: 科学出版社，2007 年，第 177—180 页。

2007年《中国应对气候变化的国家方案》指出，现有研究表明，气候变化已经对中国产生了一定的影响，造成了沿海海平面上升、西北冰川面积减少、春季物候期提前等，而且未来将继续对中国自然生态系统和经济社会系统产生重要影响。2008年发布的《中国应对气候变化的政策与行动》白皮书指出，中国是最易受气候变化不利影响的国家之一，气候变化对中国自然生态系统和经济社会发展带来了现实的威胁，主要体现在农牧业、林业、自然生态系统、水资源等领域以及沿海和生态脆弱地区，适应气候变化已成为中国的迫切任务。[①]2011年发布的《中国应对气候变化的政策与行动》白皮书指出，中国是最易受气候变化不利影响的国家之一，全球气候变化已对中国经济社会发展产生诸多不利影响，成为可持续发展的重大挑战。[②]2012年发布的《中国应对气候变化的政策与行动》年度报告指出，中国是受气候变化不利影响最为脆弱的国家之一。[③]2014年发布的《国家应对气候变化规划（2014—2020年）》强调，“我国人口众多，人均资源禀赋较差，气候条件复杂，生态环境脆弱，是易受气候变化不利影响的国家。气候变化关系我国经济社会发展全局，对维护我国经济安全、能源安全、生态安全、粮食安全以及人民生命财产安全至关重要”，“我国是易受气候变化不利影响的国家。近一个世纪以来，我国区域降水波动性增大，西北地区降水有所增加，东北和华北地区降水减少，海岸侵蚀和咸潮入侵等海岸带灾害加重。全球气候变化已对我国经济社会发展和人民生活产生重要影响。自20世

① 《中国应对气候变化的政策与行动》白皮书，国务院新闻办公室网站2008年10月29日，http://www.scio.gov.cn/zfbps/ndhf/2008/Document/307869/307869.htm。

② 《中国应对气候变化的政策与行动（2011）》白皮书，国务院新闻办公室网站2011年11月22日，http://www.scio.gov.cn/zfbps/ndhf/2011/Document/1052760/1052760.htm。

③ 《中国应对气候变化的政策与行动2012年度报告》，国家应对气候变化战略研究和国际合作中心网站，http://www.ncsc.org.cn/yjcg/cbw/201307/t20130704_609690.shtml。

纪 50 年代以来，我国冰川面积缩小了 10% 以上，并自 90 年代开始加速退缩。极端天气气候事件发生频率增加，北方水资源短缺和南方季节性干旱加剧，洪涝等灾害频发，登陆台风强度和破坏度增强，农业生产灾害损失加大，重大工程建设和运营安全受到影响。”

2014 年 10 月，中国工程院发布了“气候变化对我国重大工程的影响与对策研究”咨询课题的报告，这是中国首次系统梳理研究气候变化对重大工程的影响。报告根据中国气候变化的观测事实和预估，分析了气候变化对中国青藏铁（公）路、高铁、水利水电、电网工程、生态工程、沿海岸工程、能源工程等七类工程的影响，并提出对策与建议。其基本结论是：21 世纪以来，伴随全球气候变暖，中国高温、强降水、干旱、台风、低温等极端天气气候事件出现的频率增加、强度增大，这些气候变化因素对中国的重大工程产生了巨大影响。近年来，学术界从总体国家安全观视角对气候变化对中国的国家安全的影响开展研究，基本结论是气候变化对中国的传统安全与非传统安全均构成现实威胁。[①]

随着气候变化对中国的负面影响日益增大，中国推动全球气候治理的积极性也越来越高。2009 年《全国人民代表大会常务委员会关于积极应对气候变化的决议》强调，积极应对气候变化，既是顺应当今世界发展趋势的客观要求，也是实现可持续发展的内在需要和历史机遇。[②]《中国应对气候变化的政策与行动 2015 年度报告》强调，中国是全球最大的发展中国家，人口众多，地形地貌条件复杂多样，经济发展中的不平衡、不协调、不可持续的问题依然突出，极易遭受气候变化不利影响。积极

① 详见张海滨：《气候变化对中国国家安全的影响——从总体国家安全观的视角》，《国际政治研究》2015 年第 4 期。

② 《全国人大常务委员会关于积极应对气候变化的决议》，中国政府网 2009 年 8 月 28 日，http://www.gov.cn/jrzg/2009-08/28/content_1403408.htm。

应对气候变化，既是中国广泛参与全球治理、构建人类命运共同体的责任担当，更是中国实现可持续发展的内在要求。[①]2018 年习近平总书记在全国生态环境保护大会上明确提出，要实施积极应对气候变化国家战略，推动和引导建立公平合理、合作共赢的全球气候治理体系。[②]

① 《中国应对气候变化的政策与行动 2015 年度报告》，国家应对气候变化战略研究和国际合作中心网站，http://www.ncsc.org.cn/yjcg/cbw/201511/W020180920484677686176.pdf。

② 《中国应对气候变化的政策与行动 2019 年度报告》，国家应对气候变化战略研究和国际合作中心网站，http://www.ncsc.org.cn/yjcg/cbw/201912/P020191202625356887110.pdf。

第三节
领导人因素

中国在全球气候治理中的角色从参与者、贡献者转向引领者，固然主要是国内外形势交织发展的结果，但也与中国领导人的个人因素有关。这里的个人因素主要是指，中国领导人对世界的情怀（“天下”情怀）和对自然的情怀（环境意识）在决定中国参与国际气候变化谈判和全球气候治理的立场和政策方面的作用不可低估。

一、中国领导人的“天下”情怀

中国自古就有天下大同理念，追求“大道之行，天下为公”。作为一个人口大国和文明古国，中国应该对人类文明有较大的贡献。1924 年孙中山曾经说过：“中国如果强盛起来，我们不但是要恢复民族的地位，还要对于世界负一个大责任”。1956 年，毛泽东在纪念孙中山诞辰 90 周年时指出，“中国应当对于人类有较大的贡献。”改革开放以来，邓小平也指出，“中国要对人类作出比较多一点的贡献。”江泽民则指出：“中国作为疆域辽阔、人口众多、历史悠久的国家，应该对人类有较大贡献。中国人民所以要进行百年不屈不挠的斗争，所以要实行一次又一次的伟大变革、实现国家的繁荣富强，所以要加强民族团结、完成祖国统一大业，所以要促进世界和平与发展的崇高事业，归根到底就是为了一个目标:实现中华民族的伟大复兴，争取对人类作出新的更大的贡献。”在中共十七大报告中，胡锦涛指出，“到二〇二〇年全面建设小康社会目标实现之时，我们这个历史悠久的文明古国和发展中社会主义大国，将成为对外更加开放、更加具有亲和力、为人类文明作出更大贡献的国家”。中共十八大以来，以习近平总书记为代表的中国共产党人，将中国“为世界和平发展作出更大贡献”视为实现中华民族伟大复兴“中国梦”的一部分，强调“我们要实现的中国梦，不仅造福中国人民，而且造福各国人民”。习近平总书记还首创“人类命运共同体”的崇高理念，倡导“合作共赢”的战略思想，展示中国与世界“共同发展、共同繁荣”的战略思维。

由上可见，“对人类有较大的贡献”是中华民族崇高的价值追求和光荣梦想。习近平总书记在《推动我国生态文明建设迈上新台阶》一文中指出，“生态文明建设关乎人类未来，建设绿色家园是人类的共同梦想，保护生态环境、应对气候变化需要世界各国同舟共济、共同努力，任何一国都无法置身事外、独善其身。我国已成为全球生态文明建设的重要参与者、贡献者、引领者，主张加快构筑尊崇自然、绿色发展的生态体系，共建清洁美丽的世界。”“共建清洁美丽的世界”的提法，丰富了中国“对人类有较大的贡献”的内涵。这个内涵是过去从来没有的。过去都是从促进和平、增加就业、促进世界经济和贸易增长、提供更多基础设施等角度提出对世界多作贡献，而习近平生态文明思想，首次从生态角度提出中国要为美丽世界的建设提供国际公共产品，进一步丰富了中国的贡献论，这是习近平生态文明思想很重要的一个国际贡献。

二、中国领导人的环境意识

中国参加国际气候变化谈判以来，共经历了三代领导集体。三代领导人日益强烈的环境意识和气候变化意识，深刻影响中国参与国际气候变化谈判的进程。1992 年江泽民在中共十四大上着重分析了经济、人口和资源的关系，并在 1996 年全国第四次环境保护会议上指出，“经济发展必须与人口、资源环境统筹考虑，不仅要安排好当前发展，还要为子孙后代着想，为未来的发展创造更良好的条件，决不能走浪费资源和先污染后治理的路子，更不能吃祖宗饭断子孙路”，“衡量各级领导干部的政绩，应该包括环保方面的内容”。1997 年他又强调，“对计划生育和环境保护都要实行党政一把手亲自抓、负总责。”1997 年江泽民在中共十五大报告中指出，人口增长、经济发展给资源和环境带来巨大的压力。他在中共十六大报告中强调，生态环境、自然资源和经济社会发展的矛盾日益突出。

2002 年之后，胡锦涛多次强调环境保护工作要一把手亲自抓，负总责。2007 年胡锦涛在中共十七大报告中指出，在看到成绩的同时，也要清醒认识到，我们的工作与人民的期待还有不小差距，前进中还面临不少困难和问题，突出的是：经济增长的资源环境代价过大。2007 年胡锦涛在亚太经合组织商业峰会上指出，气候变化是环境问题，但归根到底是发展问题。应该不断提高技术水平，努力建立适应可持续发展要求的生产方式和消费方式，推动绿色增长，发展循环经济，保护我们的家园，保护全球环境。他在 2008 年 6 月主持中共中央政治局第六次集体学习时强调，妥善应对气候变化，事关我国经济社会发展全局和人民群众切身利益，事关国家根本利益。必须以对中华民族和全人类长远发展高度负责的精神，充分认识应对气候变化的重要性和紧迫性，坚定不移地走可持续发展道路，采取更加有力的政策措施，全面加强应对气候变化能力建设，为中国和全球可持续发展事业进行不懈努力。

习近平总书记的环境意识形成于他在地方工作时期。在福建、浙江等地工作期间，习近平通过实地调研，将理论在实践中进一步深华，提出了“绿水青山就是金山银山”的著名论断。从在福建治山治水、在浙江推动“绿色浙江”建设一直到担任中共中央总书记期间，习近平始终将绿色发展理念贯穿于治国理政思想之中。[①]

中共十八大以来，习近平在环境保护和生态文明建设方面不断提出创新性的思想和观点。2013 年 4 月，习近平在海南考察工作时指出，“保护生态环境就是保护生产力，改善生态环境就是发展生产力。良好生态环境是最公平的公共产品，是最普惠的民生福祉。”2013 年 5 月，习近平在主持十八届中央政治局第六次集体学习时指出，对那些不顾生态环境盲目决策、造成严重后果的人，必须追究其责任，而且应该终身追究。真抓就要这样抓，否则就会流于形式。不能把一个地方环境搞得一塌糊涂，然后拍拍屁股走人，官还照当，不负任何责任。2014 年 3 月，习近平在中央财经领导小组第五次会议上强调，建设生态文明，首先要从改变自然、征服自然转向调整人的行为、纠正人的错误行为。要做到人与自然和谐，天人合一，不要试图征服老天爷。2015 年 1 月，习近平在云南考察工作时强调，要把生态环境保护放在更加突出的位置，像保护眼睛一样保护生态环境，像对待生命一样对待生态环境，在生态环境保护上一定要算大账、算长远账、算整体账、算综合账，不能因小失大、顾此失彼、寅吃卯粮、急功近利。2018 年 5 月，习近平在全国生态环境保护大会上

① 姚茜、景玥：《习近平擘画“绿水青山就是金山银山”述发展环境“舟水关系”》，2017 年 6 月 5 日，人民网，http://env.people.com.cn/n1/2017/0605/c1010-29318123.html。

今天的中国，“绿水青山就是金山银山”理念深入人心，生态优先、绿色发展已成为经济社会发展的共识。

指出，生态环境是关系党的使命宗旨的重大政治问题，也是关系民生的重大社会问题。广大人民群众热切期盼加快提高生态环境质量。我们要积极回应人民群众所想、所盼、所急，大力推进生态文明建设，提供更多优质生态产品，不断满足人民群众日益增长的优美生态环境需要。中共十八大以来，习近平总书记围绕总体国家安全观作出了一系列重要论述，明确将生态安全纳入国家安全范畴，提出构建集政治、国土、军事、经济、文化、社会、科技、网络、生态、资源、核、海外利益等领域安全于一体的国家安全体系。2020 年 4 月，习近平强调，生物安全问题已经成为全世界、全人类面临的重大生存和发展威胁之一，必须从保护人民健康、保障国家安全、维护国家长治久安的高度，把生物安全纳入国家安全体系。

综上，过去30年中国积极参加国际气候变化谈判和全球气候治理，与中国领导人怀有中国应为人类作较大贡献的“天下”情怀和不断深化的环境意识有密切关系。

最后，本章想特别指出的是，中国在国际气候变化谈判中的政策调整和角色定位，与中国领导人决策思路的变化有很大关系。中国从积极参与全球气候治理转变为主动引领全球气候治理，关键是2014年以来习近平总书记反复强调“应对气候变化是我国可持续发展的内在要求，也是负责任大国应尽的国际义务，这不是别人要我们做，而是我们自己要做”。这一思路的变化，直接改变了中国参加国际气候变化谈判的总体思路，扭转了中国在应对气候变化进程中的被动局面，使中国成为全球生态文明建设重要的参与者、贡献者和引领者。而习近平总书记这一观点的形成，又与本章所述三个层次的因素紧密相关。

前景展望

当今世界正面临百年未有之大变局，气候变化作为当今世界面临的最严峻的挑战之一，无疑是这一变局的重要变量。本书对国际气候变化谈判举行 30 年来，全球气候治理的中国方案和中国贡献的内涵进行了具体分析和归纳，将其主要内容概括为：在全球气候治理的核心理念上，坚持可持续发展思想和共区原则，并积极倡导人类命运共同体理念和生态文明思想；在全球气候治理体系的建设上，主张必须以公正合理、互利共赢为根本原则，并愿意在全球气候治理体系建设中发挥引领作用；在推进全球气候治理的具体路径上，强调三个“坚持”：坚持各尽所能，做好自己，率先示范；坚持做强南南合作，提高发展中国家的减缓和适应能力；坚持做大南北合作，发挥桥梁作用。在上述分析的基础上，本书还从国际层面、国家层面和领导人个人层面等三个层次，对中国深入参与全球气候治理、积极贡献全球气候治理中国方案的原因进行了详细分析和解读。

本书付梓之际，全球气候治理形势正发生重大变化。继 2019 年底欧盟发布“绿色新政”，承诺于 2050 年前实现碳中和，并出台了关于能源、工业、交通等七个方面的政策和措施路线图之后，2020 年中国宣布力争于 2030 年前二氧化碳排放达到峰值、2060 年前实现碳中和。美国新任总统拜登则于 2021 年 1 月 20 日就职当天，宣布美国重返《巴黎协定》，并于 1 月 27 日签署总统行政命令，出台一系列应对气候危机的国内和国际气候政策。当前温室气体排放量占全球 55% 以上的中美欧三大关键行为体，相继展现应对气候变化的决心和雄心，许多国家纷纷跟进，这预示着全球气候治理将进入一个新阶段。全球气候治理在经历美国特朗普政府退出《巴黎协定》和受新冠肺炎疫情蔓延严重冲击陷入低潮之后，又重新获得了新的发展动能，迎来了新的历史机遇。

环顾当今世界，碳中和背景下全球气候治理大变局时代已悄然来临，具体体现在：第一，全球绿色低碳发展的趋势更加清晰，围绕绿色低碳技术的全球竞争更加激烈。第二，《巴黎协定》获得新的动能，国际社会对《巴黎协定》自下而上减排模式前景的信心明显上升。第三，发达国家与发展中国家围绕共区原则的博弈将加剧，气候正义问题更加凸显。第四，大国对全球气候领导地位的竞争将更加激烈。第五，非国家行为体的作用日益上升。第六，应对气候变化成为当今世界各国利益的最大汇合点和合作的最佳切入点。同样重要的是，碳中和背景下的大国博弈将更加激烈而复杂，主要体现为：国家气候和环境治理能力和现代化水平之争；国家竞争新优势之争；国际气候秩序的规则制定权和话语权之争；国际道义制高点之争；全球领导力之争。另外，碳中和背景下国际安全形势正在发生深刻变化，气候变化安全化趋势加剧，气候变化导致的安全风险将受到更多关注，以安理会为代表的安全类机构将更多介入气候问题；建设低碳军队将成为未来世界军事变革的重要方向。对此应予以高度重视。

回望中国参与全球气候治理的30年历程，令人感慨万千。在国际上，30年来，中国在国际气候变化谈判中的作用和贡献越来越大，拥有的国际气候秩序和规则的制定权和话语权也越来越大。中国完成了从参与者向引领者的华丽转身。2020年习近平主席宣布的力争2030年前二氧化碳排放达到峰值、2060年前实现碳中和的目标，为中国参与国际气候变化谈判和全球气候治理30年的历史画上一个圆满的句号。2019年，中国在GDP比2005年（国家自主贡献目标基准年）增长超4倍、实现全国亿万农村贫困人口基本脱贫的同时，单位 GDP 二氧化碳排放比 2005 年下降了 48.1%，相当于减少二氧化碳排放约 56.2 亿吨，相应减少二氧化硫约 1192 万吨、氮氧化物约 1130 万吨；单位 GDP 能耗比 2005 年下降了 42.5%，累计节能 22.1 亿吨标准煤，1991 年以来累计节能量约占全球 58%；能源结构进一步优化，煤炭占一次能源比重从 72% 下降到 57.7%，淘汰落后火电机组 1 亿千瓦以上，非化石能源占一次能源比重由 7.4% 提高到 15.3%，可再生能源装机总量约占全球 30.4%，新增量约占全球 32.2%，连续七年成为全球可再生能源投资第一大国；森林蓄积量超额完成承诺的 2020 年目标；生态环境质量明显改善，民众健康水平显著提高。中国实现了经济社会发展与碳排放初步脱钩，基本走上一条符合国情的绿色低碳循环的高质量发展道路。中国的实践证明，气候行动不但不会阻碍经济发展，而且有利于提高经济增长质量，培育带动新的产业和市场，扩大就业，改善民生，保护环境，提高人民健康水平，实现协同发展。[①]

展望全球气候治理的未来，深感前路漫漫。在国际形势不确定性和不稳定性显著上升的大背景下，全球气候治理的前景并不容乐观，关键取决于多边主义能否战胜单边主义，大国合作能否战胜大国对抗。此次新冠肺炎疫情蔓延如此之快、范围如此之广，影响如此之大，原因很多，但最主要的原因是国际合作失灵，大国缺乏合作。一个分裂的世界是无法应对全球挑战的。这是此次国际社会应对新冠疫情最大的教训。过去 30 年全球气候治理的历史表明，凡是大国合作顺利的时候，国际气候变化谈判就会取得积极进展；凡是大国不合作的时候，国际气候变化谈判

---

① 解振华：《坚持积极应对气候变化战略定力 继续做全球生态文明建设的重要参与者、贡献者和引领者——纪念〈巴黎协定〉达成五周年》，《中国环境报》2020 年 12 月 14 日 02 版。

就会遇到困难，进展缓慢。因此，全球气候治理需要真正而有效的多边主义和国际合作，尤其需要大国之间的合作。大国要有大国的样子，做到自己的发展绝不以牺牲别国利益为代价，绝不做损人利己、以邻为壑的事情，坚持在国际合作中遵循联合国宪章的基本原则。这是大国的历史责任。

从中国与全球气候治理的关系来看，挑战与机遇并存。一方面，中国仍然是发展中国家，人均 GDP 低于世界平均水平，发展不平衡不充分的问题突出，面临着发展经济、改善民生、消除贫困、打赢污染防治攻坚战等一系列非常艰巨的任务。[①] 另一方面，随着中国日益走近世界舞台的中央，中国在国内的应对气候变化工作正处于压力叠加、负重前行的关键期，也到了有条件有能力解决气候变化突出问题的窗口期。中国已深刻认识到应对气候变化的重要性和紧迫性，将会进一步加大应对气候变化的力度，完全兑现其减排承诺，推动中国从站起来、富起来、强起来到美起来，美丽中国的生动形象将会越来越清晰。在国际上，中国将积极践行人类命运共同体理念，积极承担符合自身发展阶段和国情的国际责任，深度参与国际气候变化谈判，进一步推进南南气候合作。与此同时，我们必须清醒认识到，中国作为全球气候治理中后起的引领者，在引领者作用的发挥方面还存在不充分、不全面的问题，集中体现于在国际气候谈判中的议程设定能力，在全球气候治理体制改革中的规则制定权、话语权，以及在全球气候治理领域构建中国话语和中国叙事体系的能力等诸多方面都还存在某些不足和短板，需要不断努力，持续强化和完善。

---

① 《中国应对气候变化的政策与行动 2019 年度报告》，国家应对气候变化战略研究和国际合作中心网站，http://www.ncsc.org.cn/yjcg/cbw/201912/P020191202625356887110.pdf。

2020年12月12日，习近平主席在气候雄心峰会上通过视频发表题为《继往开来，开启全球应对气候变化新征程》的重要讲话，宣布中国国家自主贡献一系列新举措，并就进一步推进全球气候治理提出三点重要建议：第一，团结一心，开创合作共赢的气候治理新局面；第二，提振雄心，形成各尽所能的气候治理新体系；第三，增强信心，坚持绿色复苏的气候治理新思路。2021年1月25日，习近平主席在北京以视频方式出席世界经济论坛“达沃斯议程”对话会，并发表题为《让多边主义的火炬照亮人类前行之路》的特别致辞。他强调，“地球是人类赖以生存的唯一家园，加大应对气候变化力度，推动可持续发展，关系人类前途和未来。人类面临的所有全球性问题，任何一国想单打独斗都无法解决，必须开展全球行动、全球应对、全球合作”。“我已经宣布，中国力争于2030年前二氧化碳排放达到峰值、2060年前实现碳中和。实现这个目标，中国需要付出极其艰巨的努力。我们认为，只要是对全人类有益的事情，中国就应该义不容辞地做，并且做好。中国正在制定行动方案并已开始采取具体措施，确保实现既定目标。中国这么做，是在用实际行动践行多边主义，为保护我们的共同家园、实现人类可持续发展作出贡献。”2021年3月15日，习近平总书记主持召开中央财经委员会第九次会议。会议强调，我国力争2030年前实现碳达峰，2060年前实现碳中和，是党中央经过深思熟虑作出的重大战略决策，事关中华民族永续发展和构建人类命运共同体。中国党和政府的上述郑重宣示，反复向世人传达了一个清晰的信号：中国在未来的全球气候治理中将贡献更多的中国方案，作出更大的贡献，其作用和地位有望继续上升，在全球气候治理中的引领作用将会更加凸显。为此，中国今后需要进一步统筹好气候安全、气候治理、气候外交和气候传播这四大领域的工作，四位一体，协同推进，有力引领全球气候治理。

本课题的研究得到国家重点研发计划项目“气候变化风险的全球治理与国内应对关键问题研究”课题一“全球气候治理关键问题研究”（项目号 2018YFC1509001）的资助。